남성복 실무
자켓 코트 패턴

Men's wear jacket & coat
Practical pattern

남성복 실무 자켓 코트 패턴

Men's wear jacket & coat
Practical pattern

E.Hoo Atelier

머리말

옷을 만드는 일은 디자인, 패턴, 봉제 뿐 아니라 수많은 사람들의 협력을 통해 진행됩니다.
중요하지 않은 단계의 일이 없습니다.
이 책에서는 옷의 뼈대를 만드는 작업인, 패턴 제작에 대해서 다루었습니다.

남성복 실무 자켓, 코트 패턴을 다루었습니다.
실무와 강의를 하며 느낀 점을 토대로, 현실적으로 가장 도움이 될 자료에 대해 고민하였습니다.
단순히 학습에서 끝나는 것이 아니라 실질적으로 사용할 수 있도록 준비하였습니다.

남성복 48사이즈 상의 원형을 제시합니다.
남성복 상의 원형뿐만 아니라, 원형 활용법, 드롭 숄더, 오버사이즈 원형도 제시하며,
다양한 핏과 디자인을 풀어갈 수 있도록 안내하였습니다.

상의 원형에서 출발한 남성복 2버튼 클래식 자켓을 자켓 원형과 코트 원형의 기반으로 사용합니다.
단순히 기본 패턴 가다만을 제시하는 것이 아니라, 패턴을 구성하는 원리,
디자인 확장과 부속, 내부 디테일 등을 확실히 익히실 수 있도록 설계하였습니다.

올을 맞추는 정석적인 패턴 디자인, 패턴 디자인의 확장, 클래식을 활용한 캐쥬얼 디자인,
소매 설계와 활용의 원리, 카라, 비조, 이세 분배와 노바시를 활용한 옷의 간지 설정 등
패턴과 봉제에서 디테일을 확인하실 수 있도록 패턴 자료와 함께 사진 자료를 담았습니다.

실무에서 바로 사용이 가능하도록 여러 디자인의 자켓과 코트를 준비하였습니다.
패턴의 실질적인 활용을 돕기 위해, 본 패턴으로 제작된 의상 사진을 담았습니다.
기성복 제작 활용을 돕기 위해 사이즈 표와 그레이딩 자료를 함께 담았습니다.

손으로 패턴을 떠보는 것뿐만 아니라,
직접 만들어 보고, 만든 옷을 스스로 점검해보며 익히시고, 활용해 주시면 좋겠습니다.
학습적으로도 도움이 되고, 실무적으로도 도움이 되길 바랍니다.
패턴 가다에 다양한 디자인을 녹여내어 좋은 옷으로 풀어내는 데에 도움이 되면 좋겠습니다.

업데이트 자료와 피드백, 봉제와 디자인 패턴 등에 관한 자료들을
블로그와 유튜브, 인스타그램 등에 올려놓고 있으니 참고해주시면 더욱 좋겠습니다.

패턴들은 거버 캐드(Gerber Accumark) 프로그램을 사용하여 제작되었습니다.

이 책을 위해 물심양면으로 도와주신 많은 분들께 진심으로 감사드립니다.

네이버 블로그 [이후 아틀리에 E.Hoo Atelier] https://blog.naver.com/ehoo_at

유튜브 [이후 아틀리에 E.Hoo Atelier] https://www.youtube.com/EHOOATELIER

자켓

멋지게 차려입고 싶은 날엔 주로 자켓을 입는다.
클래식하게 수트를 입는 것도 좋고, 캐쥬얼하고 가볍게 자켓을 입는 것도 좋다.

2버튼 자켓을 입을 때는 첫번째 단추만 잠구며, 두번째 단추는 잠구지 않는다.
수트를 입을땐 그에 맞는 격식과 교양이 따라와야 더욱 멋지다.

클래식 자켓을 입는 방법에 대한 엄격한 예법도 존중하지만,
지나치게는 진지해지지 않으려하는 요즘 추세와 함께 다양한 디자인의 자켓도 좋아한다.

게싱으로 비접착 심지를 제작하고 마꾸라지, 패드까지도 엄격하게 패턴에 맞게 제작하여 만드는 자켓.
접착 심지를 바르고 제원단이나 기성품의 마꾸라지, 패드를 사용한 비교적 가벼운 자켓.
반드시 모든 상황에 비접착이 접착보다 우월하다고 볼 수는 없기에 각각의 제작 환경에 맞게 적절하게
사양을 조절해가는 것이 현명하다.
패턴만으로 자켓의 모든 멋을 표현해내기란 쉽지 않으므로, 봉제에 대한 깊은 이해가 반드시 필요하다.

수트 입는 것을 너무 좋아해서 바지 만들기에는 자신이 있지만 자켓을 만들기에는 부족했을 때에는
구제 자켓을 사고, 비슷한 원단을 찾아 바지를 만들어 수트로 입고 다니기도 했다.

2버튼 기본 자켓은 항상 사람을 행복하게 한다. 클래식 셔츠와 입어도 좋고 편하게 티셔츠와 입는 것도 좋다.
특별한 날 멋을 내고 싶을땐, 마니카 카마치아 소매를 적용한 스트라파타 자켓을 입는 것을 정말 좋아한다.
시간이 날 때면, 나를 위해 내가 원하는 멋을 연구하고, 자켓의 깊고 다양한 매력을 탐구해나간다.
입는 것 뿐만 아니라 연구하고 만들어 나가는 것 또한 역시 재밌다는 생각에 도저히 작업을 멈출 수 없다.

멋을 내기 위해 날이 아무리 추워도 항상 코트를 고집하던 때가 있다.
막상 겨울이 되면 다시 봄을 기다리게 되지만, 중요한 자리에서 멋진 코트와 그에 맞는 이너류는 필수다.
진중한 자리에서는 품격 있는 클래식 코트를 주로 입지만, 지인과의 즐거운 모임에 갈 때는
캐쥬얼한 오버사이즈류의 코트나 화려한 색상이나 디자인의 코트를 즐기기도 한다.

본래 클래식 코트는 수트를 입고 그 위에 입는 것이나, 요즘은 맨투맨 등과 자유롭게 착용하기도 한다.
클래식 자켓을 기반으로 제작된 기본 클래식 코트부터, 디자인과 목적에 맞는 무수히 많은 코트가 있다.
겨울이 기다려지는 이유 중 하나로 분위기에 맞는 원단과 디자인, 봉제는 패턴 못지 않게 정말 중요하다.
도톰한 원단이 주로 사용되겠지만, 성질과 성분이 느낌과 맛을 잘 표현해 낼 수 있는지 확실히 점검한다.

카라와 라펠을 자연스럽게 넘기기위한, 와끼와 주머니를 부드럽게 돌리기위한, 소매 모양을 만들기 위한
수많은 봉제 방법, 다양한 심지 사용 방법, 자리잡음 등의 수많은 다림질 방법 등
좋은 옷을 만들기 위해 패턴 뿐만 아니라 무수히 다양한 기법이 필요하다는 점 또한 매우 흥미롭다.

패턴을 뜨고 봉제를 하고, 이런저런 고민과 연구를 하며 많은 자켓과 코트를 만들어보았다.
입는 즐거움뿐만 아니라 일하는 즐거움과 만드는 즐거움까지 얻을 수 있어 행복하다.

목차

목차

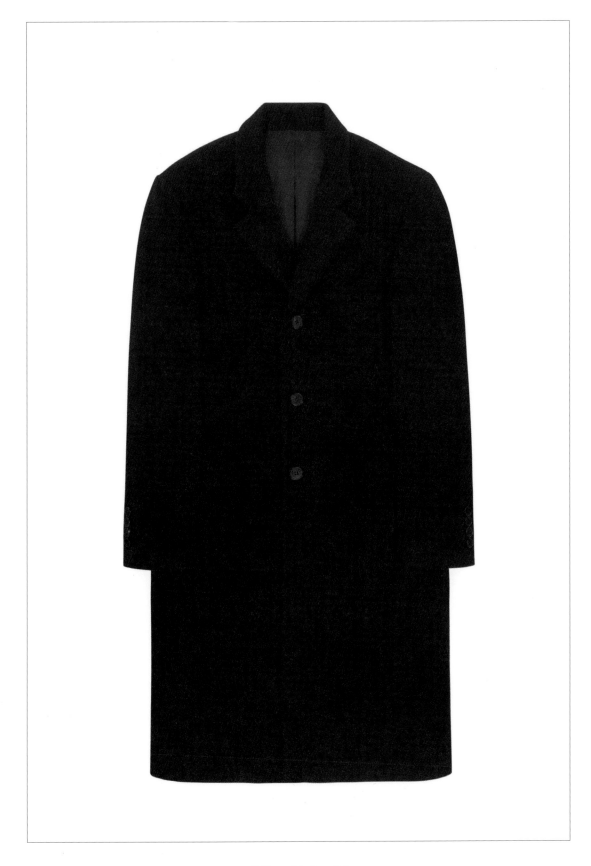

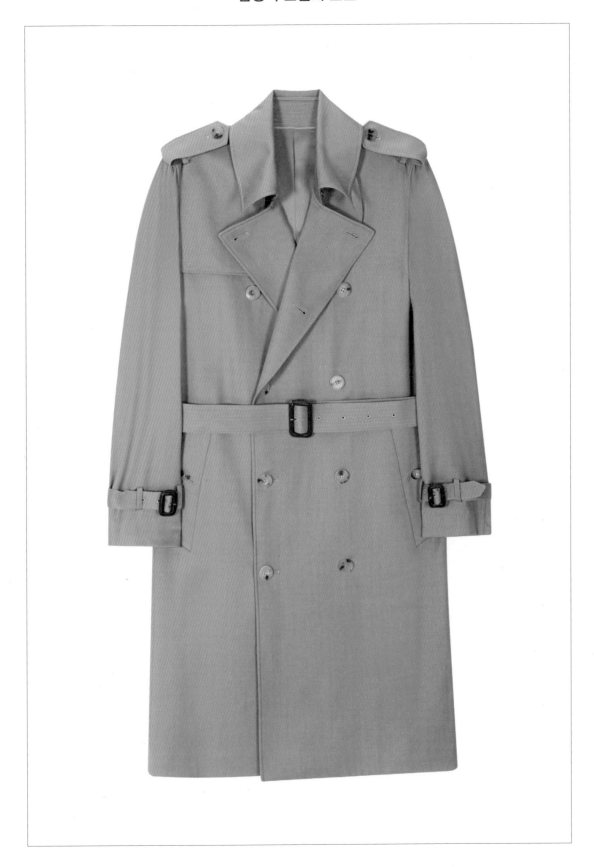

기준 사이즈	남성복 상의 원형(무다트. 한장 소매)						
(가슴둘레/2)	42	44	46	48	50	52	54
가슴 둘레	98	102	106	110	114	118	122
어깨 너비	40.5	42	43.5	45	46.5	48	49.5
기장	59.5	61	62.5	64	65.5	67	68.5
소매통	36	37	38	39	40	41	42
소매기장	63.5	64	64.5	65	65.5	66	66.5

※ 기장은 뒷목점을 기준으로 밑단까지 잰 길이입니다.
※ 가슴둘레 여유량에 따라 핏감이 달라질 수 있습니다.

남성복 상의 원형

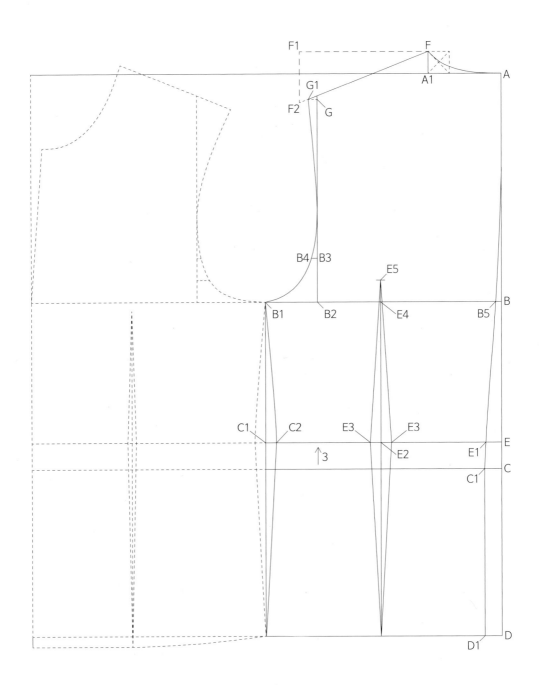

A-B	26	
A-C	45	
C-D	19	
C-E	3	
B-B1	27.5	뒤판 가슴 값 (가슴 둘레/4 + 여유량 3.5)
B-B2	21.5	뒤품 값
C1-C2	1.2	
A-A1	8.5	
A1-F	2.5	
F-F1	15	어깨 각도
F1-F2	5.8	
F-F2	직선 연결	
G-G1	1	
B2-B3	5	
B3-B4	0.7	
D-D1	2	
C-C1	2	뒤중심을 자연스럽게 곡선으로 그려준다
B-B5	0.5	선을 부드럽게 그리기 위해 B-B5 값은 변동될 수 있다.
E2	C2-E1 중간 점	
E2-E3	1.2	뒤판 다트 2.4 cm
E4-E5	2.5	

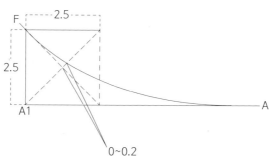

뒷목선을 그릴때 사각 정사각형을 그리고, 중간 지점에서 0 ~ 0.2 구간을 지나게 그린다

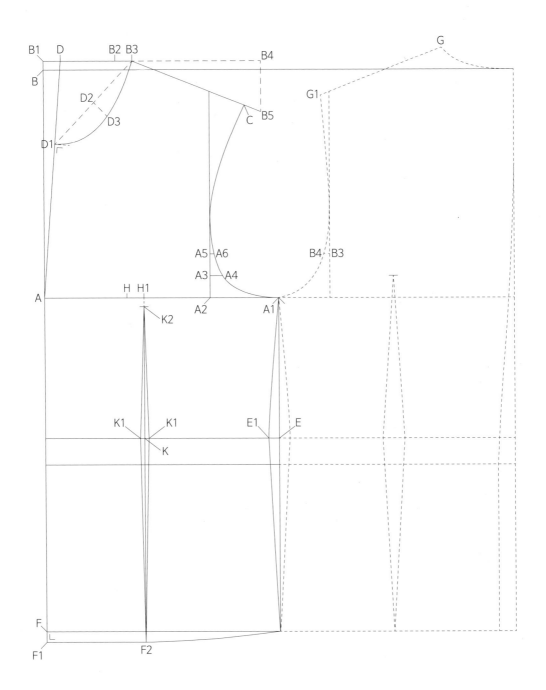

A-A1	27.5	앞판 가슴 값(가슴 둘레/4 + 여유량 3.5)
A-A2	19.5	앞품 값
B-B1	1	
B1-B2	8.5	
B2-B3	2	입체량
B3-B4	15	어깨 각도
B4-B5	5.8	
B3-C	14	G-G1 (뒤판 어깨 길이) – 1cm
B1-D	2	
D-D1	9.5	
B3-D1	직선 연결	중간 점 D2
D2-D3	2.2	
A2-A3	2.5	
A3-A4	1.5	
A2-A5	5	
A5-A6	0.5	
E-E1	1.2	
H	A-A2 중간 점	
H-H1	2	
K-K1	0.5	앞판 다트 1cm
H1-K2	1	
F-F1	1.2	
F1-F2	직선 연결	앞판 밑단 자연스럽게 곡선으로 연결

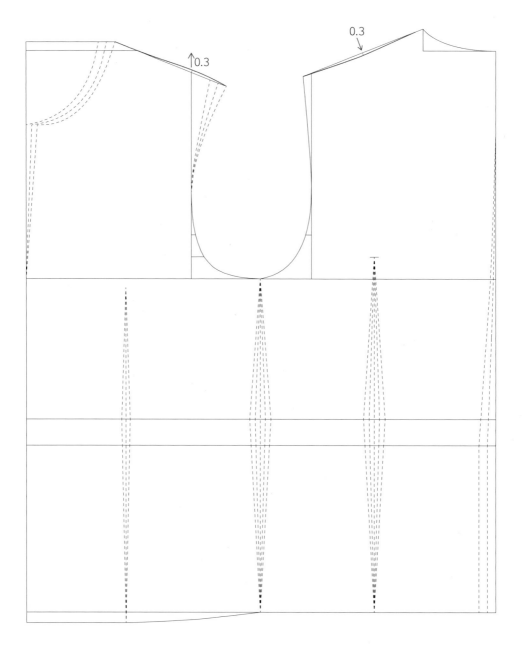

어깨 회전. 어깨를 휘게 할 수 있다.

뒤판 어깨 중심에서 0.3cm 들어가 곡선으로 그려준다.
앞품선에서 0.3cm 높혀 어깨선을 곡선으로 그려준다.

디자인과 핏에 따라 다트를 주지 않을 수 있다.

디자인과 핏에 따라 다트의 길이나 양을 줄이거나 늘려서 사용할 수 있다.

디자인에 따라 다트의 위치를 조정하여 사용할 수 있다.

남성복 상의 원형 활용

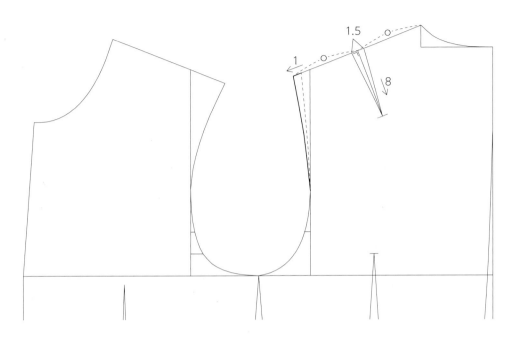

뒤판 어깨 길이를 1cm 연장 한다.

뒤판 어깨 중간에서 직각으로 다트량1.5cm, 길이 8cm 다트를 만들어 준다.

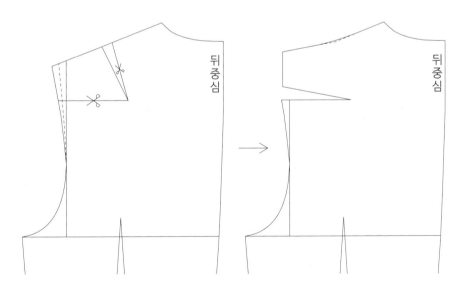

다트를 암홀로 M.P 하여 사용할 수 있다.

뒤판 다트 생성

남성복 상의 원형 활용

남성복 상의 원형

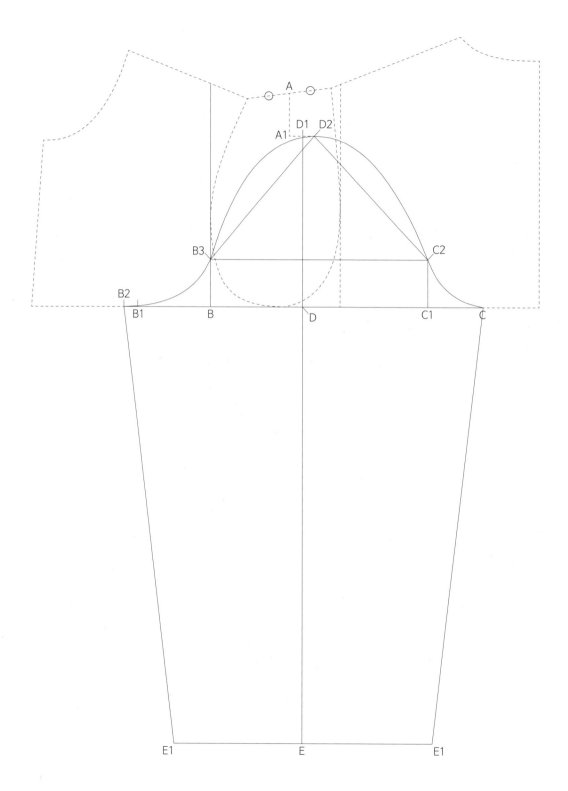

한장 소매

E.Hoo Atelier 24

남성복 상의 원형

A		양 어깨를 이은 선의 중간 점
A-A1	4.5	A1에서 가로로 수평선을 그려준다
B-B1	8	앞 겹품
B1-B2	1.5	
B2-C	39	소매통
D	B2-C 중간 점	소매통 중간 점
D1	D 에서 수직으로 올라간 선과 A1에서 그린 가로 수평선이 만나는 점	
D1-D2	1	
C-C1	6	뒤 겹품
C1-C2	5	
B-B3	5	
B3-D2	직선 연결	소매 머리 자연스럽게 연결
C2-D2	직선 연결	소매 머리 자연스럽게 연결
D1-E	65	소매 기장
E-E1	14	소매 부리 28cm

남성복 상의 원형

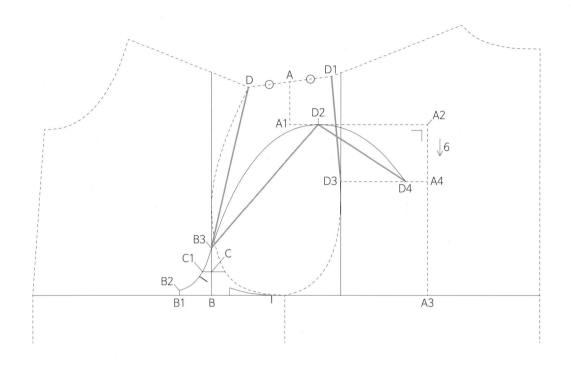

A	양 어깨를 이은 선의 중간 점	
A-A1	4.5	A1에서 가로로 수평선을 그려준다
B-B1	3.5	
B1-B2	0.5	
B-C	2.5	
C-C1	1	
B-B3	5	
B3-D2	B3-D 직선 길이 만큼 A1에서 가로로 그린 수평선에 닿게 그린 직선	
A2-A4	6	A2-A3 의 1/3
D3	A4에서 가로로 그린 수평선과 뒤품선이 만나는 점	
D2-D4	D3-D1 직선 길이 만큼 D2에서 시작하여 A4-D3 수평선에 닿는 직선	
B2-C1-B3-D2-D4	큰 소매 자연스럽게 연결	

두장 소매

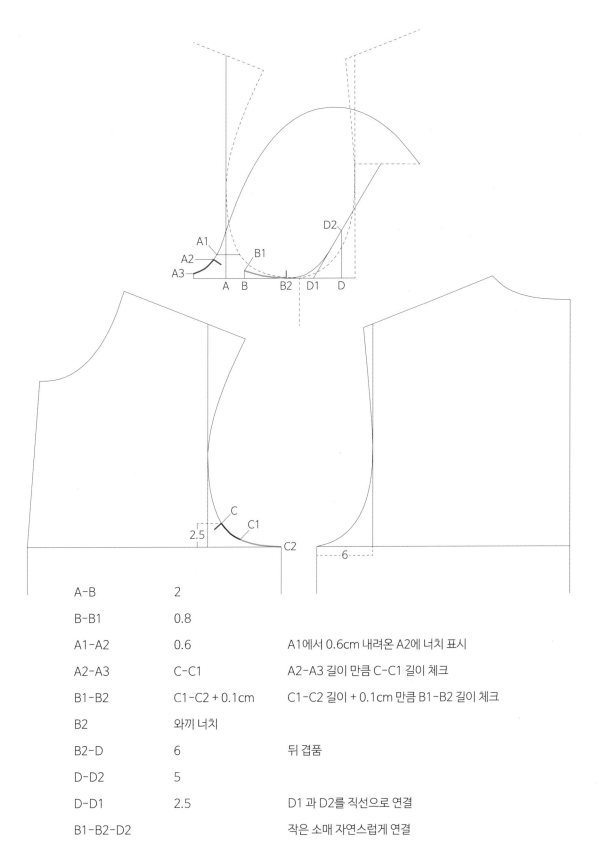

A-B	2	
B-B1	0.8	
A1-A2	0.6	A1에서 0.6cm 내려온 A2에 너치 표시
A2-A3	C-C1	A2-A3 길이 만큼 C-C1 길이 체크
B1-B2	C1-C2 + 0.1cm	C1-C2 길이 + 0.1cm 만큼 B1-B2 길이 체크
B2	와끼 너치	
B2-D	6	뒤 겹품
D-D2	5	
D-D1	2.5	D1 과 D2를 직선으로 연결
B1-B2-D2		작은 소매 자연스럽게 연결

남성복 상의 원형

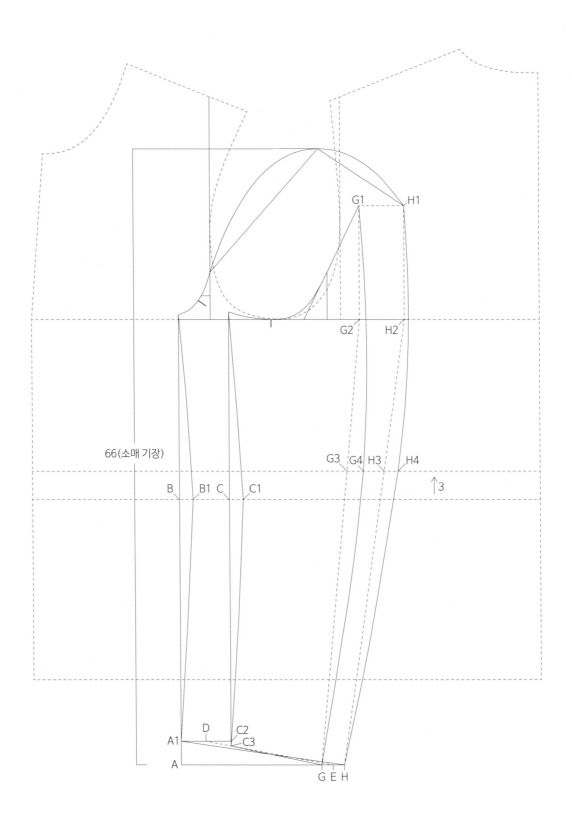

E.Hoo Atelier 28

남성복 상의 원형

A–A1	2.5	
B–B1	1.5	
C–C1	1.5	
D	A1–C2 중간 점	
C2–C3	0.5	작은 소매 인심을 0.5cm 내린다
D–E	14	(소매 부리 28cm) / 2 = 14
E–G	1	(G1–H1 길이) / 4 = 1~1.2
E–H	1	(G1–H1 길이) / 4 = 1~1.2
G2	G1 에서 수직으로 내려온 점	
H2	H1 에서 수직으로 내려온 점	
G–G2	직선 연결	
G3–G4	1.8	작은 소매 아웃심 자연스럽게 연결
H–H2	직선 연결	
H3–H4	1.6	큰 소매 아웃심 자연스럽게 연결
A1–H	직선 연결	큰 소매 밑단 연결
C3–G	직선 연결	작은 소매 밑단 연결

E.Hoo Atelier 29

남성복 상의 원형

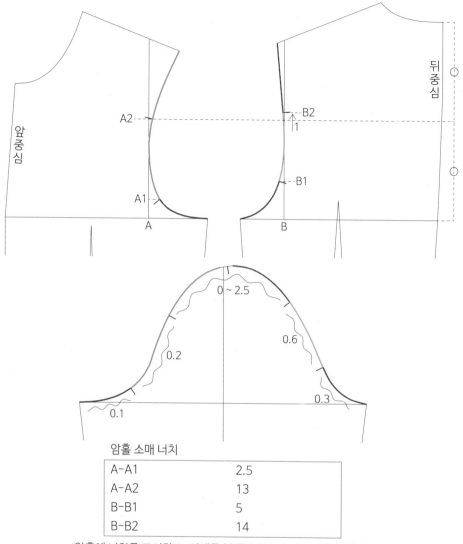

앞중심

뒤중심

A2

A1

A

B2

B1

B

0 ~ 2.5

0.6

0.2

0.3

0.1

암홀 소매 너치

A-A1	2.5
A-A2	13
B-B1	5
B-B2	14

암홀에 너치를 표시하고, 이세를 분배해 주며 소매 너치를 맞춘다.
디자인과 원단에 따라 이세량을 조절해 줄 수 있다.

소매 머리를 내리거나 올려서 암홀과 소매 길이를 맞출 수 있다.

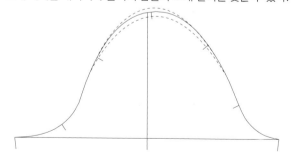

소매 길이 유지를 위해 소매 머리를 내리거나 올린 만큼 소매 기장을 조절해준다.

한장 소매 너치

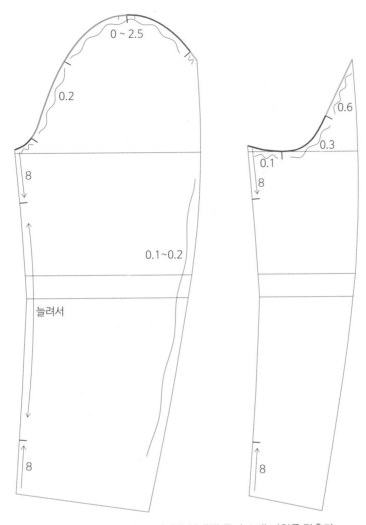

암홀에 너치를 표시하고, 이세를 분배해 주며 소매 너치를 맞춘다.

큰 소매의 인심을 늘려박는다.

큰 소매의 아웃심에 이세를 조금 준다.

소매 머리를 내리거나 올려서 암홀과 소매 길이를 맞출 수 있다.

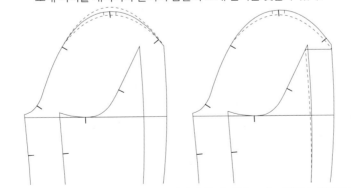

소매 길이 유지를 위해 소매 머리를 내리거나 올린 만큼 소매 기장을 조절해준다.

두장 소매 너치

남성복 상의 원형

그레이딩 편차값

가슴: 4cm
어깨: 1.5cm
몸판 기장: 1.5cm
소매 기장: 0.5cm
소매통: 1cm

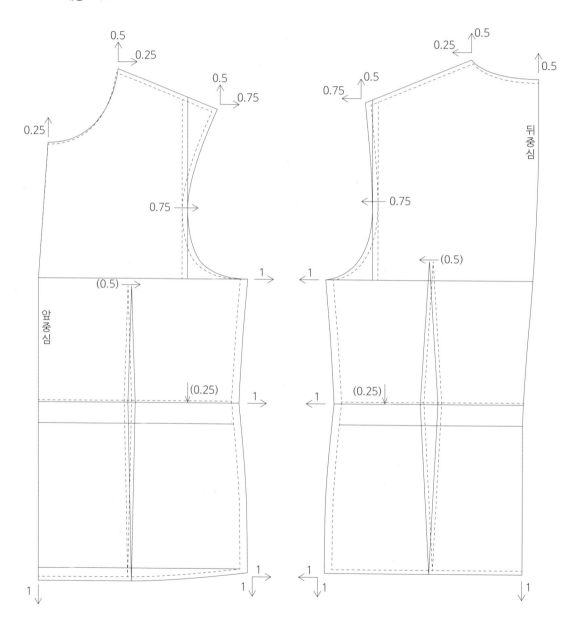

그레이딩

E.Hoo Atelier 32

남성복 상의 원형

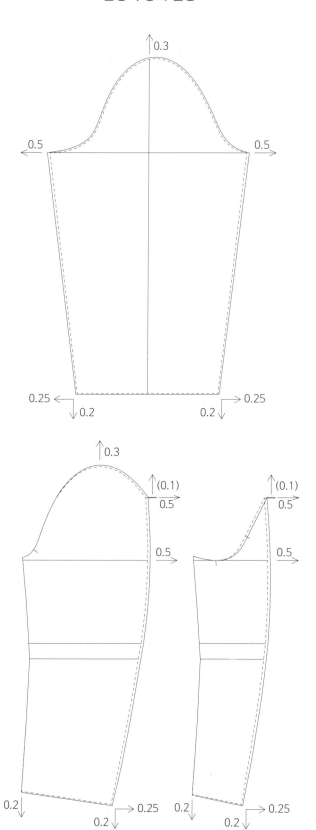

그레이딩

E.Hoo Atelier 33

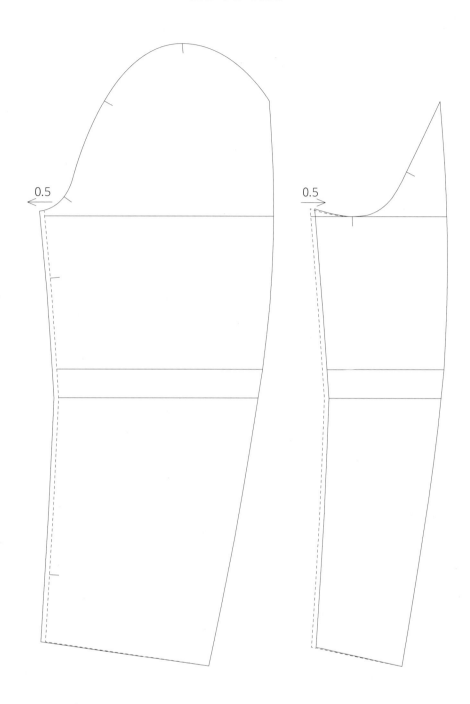

0.5

0.5

인심 절개선 위치를 옮김으로써 소매 회전에 의한 인심 노출을 줄일 수 있다.

두장 소매 인심 절개선 이동

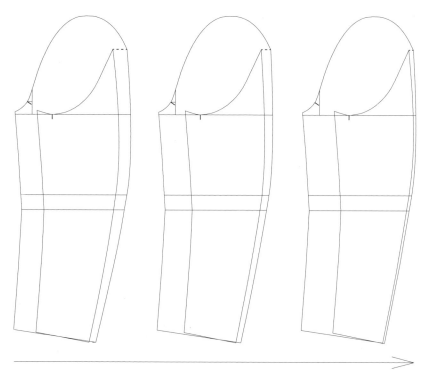

인심 사이의 거리가 멀어질 수록 아웃심 사이의 거리가 가까워진다. 입체량이 낮아진다.

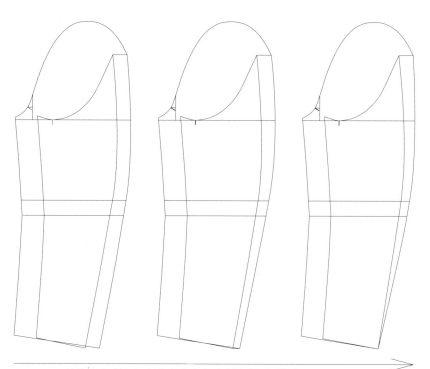

아웃심 소매부리 사이의 거리가 가까워질수록 입체량이 증가한다.

두장 소매 입체량 발란스

남성복 상의 원형

1.

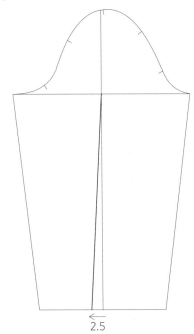

한장 소매를 활용하여 다트 소매로 변형한다.
소매 중심선을 2.5cm 앞으로 회전한다.

2.

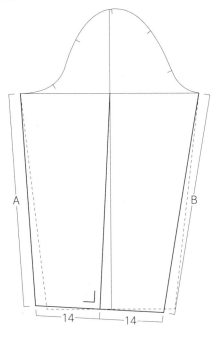

직각으로 14cm 씩 소매부리 값을 준다.
B-A 값을 측정한다.

3.

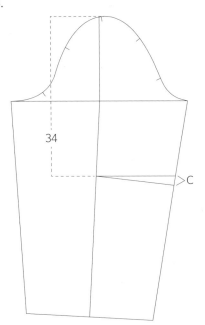

C (B-A) 만큼 다트를 만들어 준다.
디자인에 따라 활용한다.
Type. 1 다트 소매 완성

4.

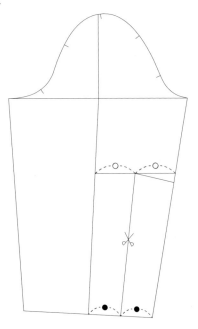

Type. 1 다트 소매를 활용한다.
다트 길이를 반으로 줄인다.

한장 소매 → 다트 소매

5.

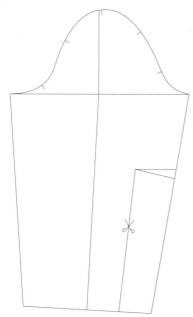

다트를 소매부리로 M.P 시킨다.

6.

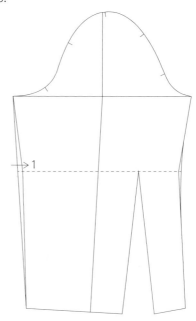

M.P 후 소매 인심을 자연스럽게 굴려준다.
인심에서 핏을 잡을 수 있다.
Type. 2 다트 소매 완성

7.

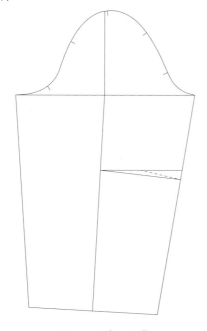

Type. 1 다트 소매

8.

Type. 2 다트 소매

디자인에 따라 다양하게 활용한다.

한장 소매 → 다트 소매

남성복 상의 원형

1.

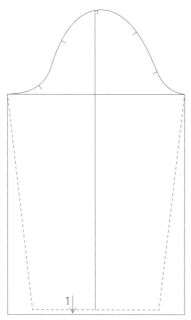

한장 소매를 활용하여 두장 소매로 변형한다.
소매 기장을 1cm 연장한다.

2.

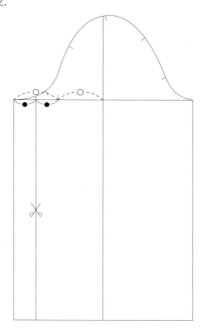

소매 중심선에서 소매를 등분한다.
절개선 위치를 잡고 절개한다.

3.

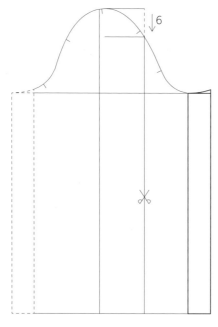

절개한 소매를 소매 뒤쪽에 붙여준다.
큰 소매 작은 소매 절개선 위치를 잡는다.

4.

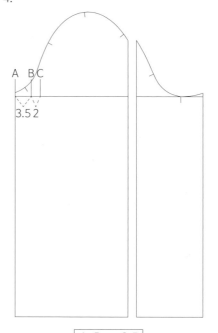

A-B	3.5
B-C	2

한장 소매 → 두장 소매

5.

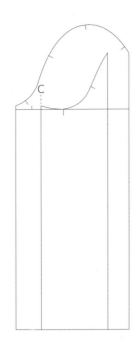

절개한 작은 소매를 뒤집어 C 에 위치시킨다.

6.

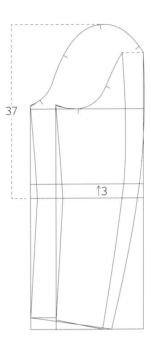

P.28 참고하여 두장소매로 작업한다.

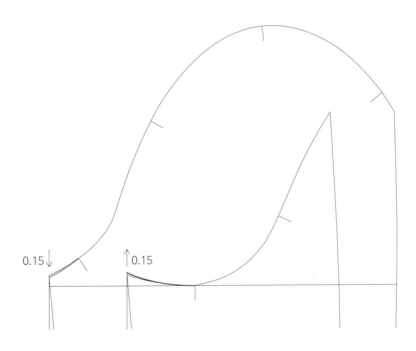

큰 소매 인심을 당겨박는 양을 확보하기 위해, 소매 인심 위쪽에서 0.3cm 높이 차이를 준다.

한장 소매 → 두장 소매

기준 사이즈	남성복 2버튼 자켓						
(가슴둘레/2)	42	44	46	48	50	52	54
가슴 둘레	97	101	105	109	113	117	121
어깨 너비	40.5	42	43.5	45	46.5	48	49.5
기장	67.5	69	70.5	72	73.5	75	76.5
소매통	36.5	37.5	38.5	39.5	40.5	41.5	42.5
소매기장	64.5	65	65.5	66	66.5	67	67.5

※ 기장은 뒷목점을 기준으로 밑단까지 잰 길이입니다.
※ 가슴둘레 여유량에 따라 핏감이 달라질 수 있습니다.

남성복 2버튼 자켓

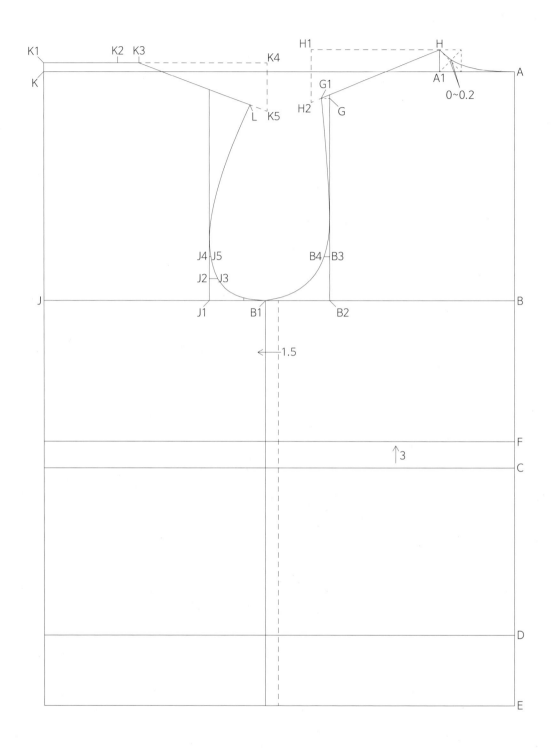

A-B	26	
A-C	45	
C-D	19	
D-E	8	
C-F	3	
B-B1	29	뒤판 가슴 값(27.5) + 1.5
B-B2	21.5	뒤품 값
A-A1	8.7	
A1-H	2.5	
H-H1	15	뒤판 어깨 각도
H1-H2	6	
H-H2	직선 연결	
G-G1	1	
B2-B3	5	
B3-B4	0.7	
B1-J	26	앞판 가슴 값(27.5) - 1.5
J-J1	19.5	앞품 값
K-K1	1	
K1-K2	8.7	
K2-K3	2.5	입체량
K3-K4	15	앞판 어깨 각도
K4-K5	5.5	
K3-L	13.8	H-G1 (뒤판 어깨 길이) - 1cm
J1-J2	2.5	
J2-J3	1	
J1-J4	5	
J4-J5	0.2	

남성복 2버튼 자켓

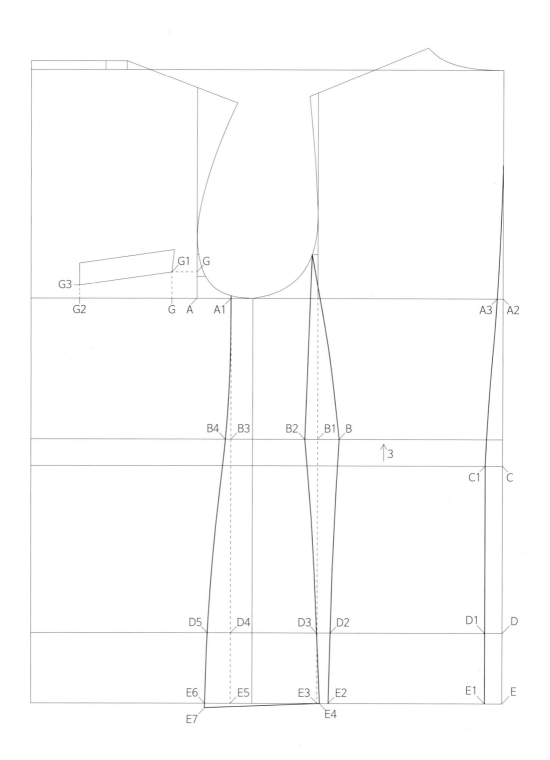

남성복 2버튼 자켓

A-A1	4	앞품선에서 4cm 이동 후 수직선을 내려그린다.
A1에서 수직선을 내려그린다.		B3, D4, E5 생성
뒤품선을 연장하여 내려 그린다.		B1, D3, E3 생성
A2-A3	0.5	선을 부드럽게 그리기 위해 A2-A3 값은 변동될 수 있다.
C-C1	2	뒤중심을 자연스럽게 곡선으로 그려준다
D-D1, E-E1	2	
B1-B	2.5	
D3-D2	1.5	
E3-E2	1.3	B – D2 – E2 연결
B1-B2	1.5	
E3-E4	0.3	B2 – D3 – E4 연결
B3-B4	0.6	
D4-D5	2.7	
E5-E6	3	
E6-E7	0.5	
G-G1	3	학고 주머니 위치
G2-G3	1.5	

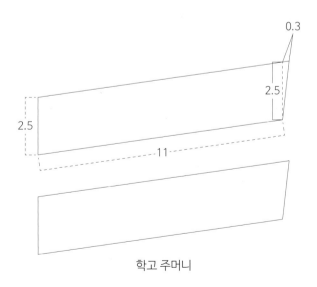

학고 주머니

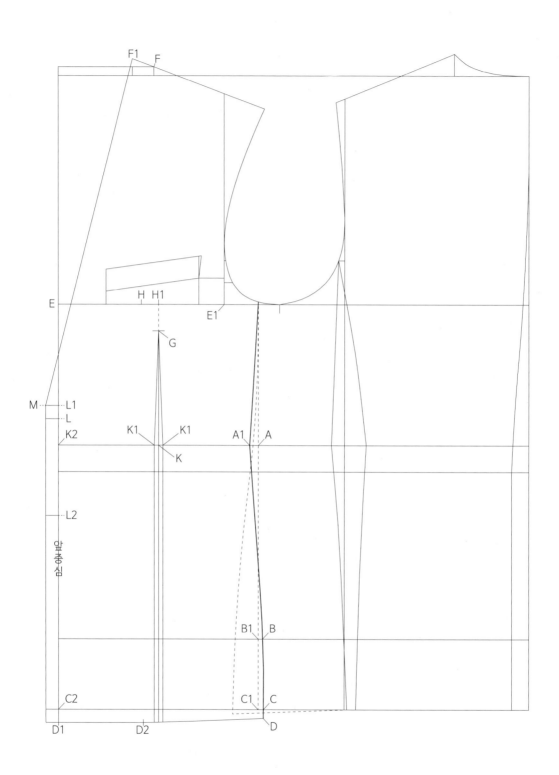

남성복 2버튼 자켓

A-A1	1.2	
B1-B	0.5	
C1-C	0.6	
C-D	1	
H	E-E1 중간 점	
H-H1	2	
H1-G	3	
K-K1	0.5	앞판 다트 1cm. K1에서 수직선을 내려 그린다.
K2-L	3	단추 위치 단추 크기 21 mm
L-L1	1.5	꺾임 높이
L1-M	1.5	앞 단작 두께
F-F1	2.5	F1-M 꺾임선 직선 연결
L-L2	11	단추 위치 단추 크기 21 mm
C2-D1	1.5	앞 쳐짐
D1-D2	10	수평 연결
D-D2	직선 연결	

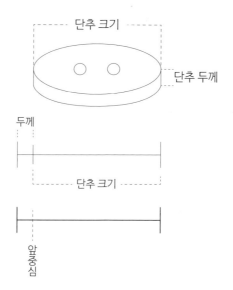

앞중심에서 단추 두께 여유(보통 2mm)를 주고, 단추 크기만큼 단추구멍을 표시한다.

단추 구멍 표시

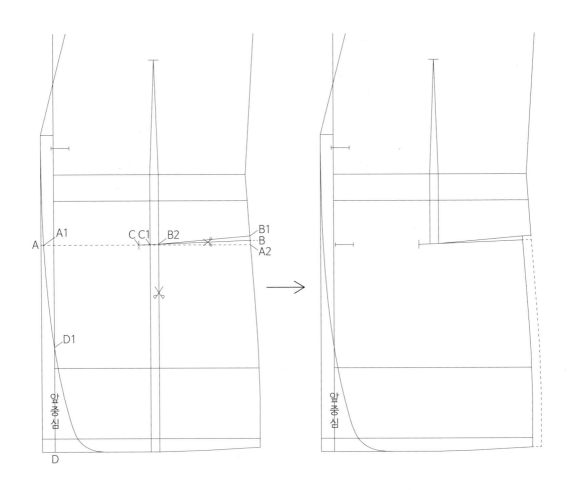

A	두번째 단추 높이	앞중심에서 앞 단작 1.5cm 만큼 나간 점
A-A1	0.3	A1에서 1.5cm 들어와 단추 구멍을 그린다.
D-D1	11	A1, D1을 지나며 앞 도련선을 자연스럽게 그린다.
A2	두번째 단추 높이 에서 가로로 수평선을 그릴 때, 몸판과 만나는 점	
C-C1	1.3	자켓 앞 주머니
A2-B	0.5	주머니 각도 [B, C 연결]
B-B1	0.5	배 다트(배쿠세) [B1, B2 연결]

남성복 2버튼 자켓

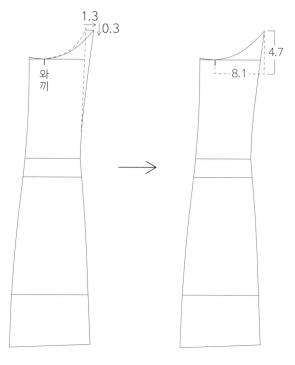

뒤판과 봉제되는 사이바 암홀 부분을 1.3cm 늘려주고 0.3cm 낮춘다.
필수적인 작업은 아니다. 여유량 확보를 위해 작업해 줄 수 있다.

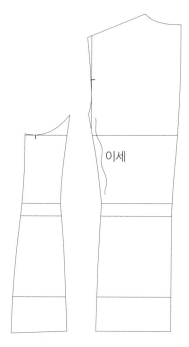

사이바를 0.3cm 낮춤으로, 뒤판 이세량이 추가적으로 확보되었다.
볼륨을 위한 이세가 아니라, 뒤판이 달려 올라가는 것을 막기위한 이세.

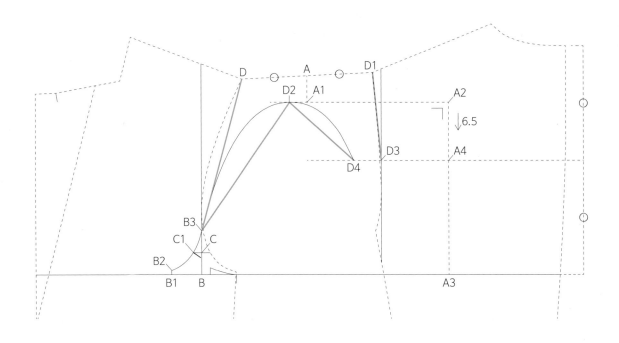

A		양 어깨를 이은 선의 중간 점
A-A1	3	A1에서 가로로 수평선을 그려준다
B-B1	3.5	
B1-B2	0.5	
B-C	2.5	
C-C1	1	C1에 너치 표시
B-B3	5	
B3-D2		B3-D 직선 길이 만큼 A1에서 가로로 그린 수평선에 닿게 그린 직선
A2-A4	6.5	A2-A3 의 1/3
D3		A4에서 가로로 그린 수평선과 뒤품선이 만나는 점
D2-D4		D3-D1 직선 길이 만큼 D2에서 시작하여 A4-D3 수평선에 닿는 직선
B2-C1-B3-D2-D4		큰 소매 자연스럽게 연결

남성복 2버튼 자켓 두장 소매

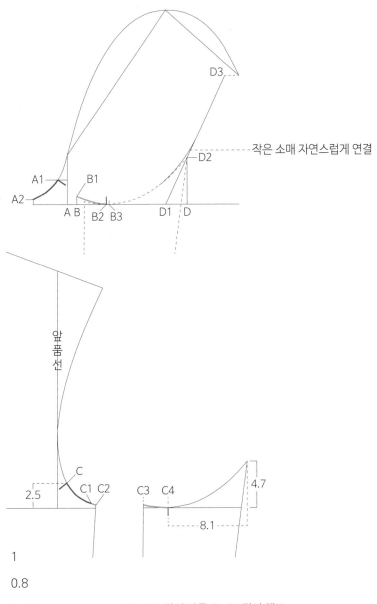

A-B	1	
B-B1	0.8	
A1-A2	C-C1	A1-A2 길이 만큼 C-C1 길이 체크
B1-B2	(C1-C2) 길이 + (C3-C4) 길이 + 0.1cm (이세량)	
B2	와끼 너치	
B2-B3	0.3	B3에 C4 너치를 위치시키고 사이바 암홀선을 복사한다.
B2-D	8.4	8.1cm + 0.3cm (이세량)
D-D2	4.7	
D-D1	2.2	D1 과 D2를 직선으로 연결하며 D3까지 연장

작은 소매 자연스럽게 연결

자켓 두장 소매

남성복 2버튼 자켓 두장 소매

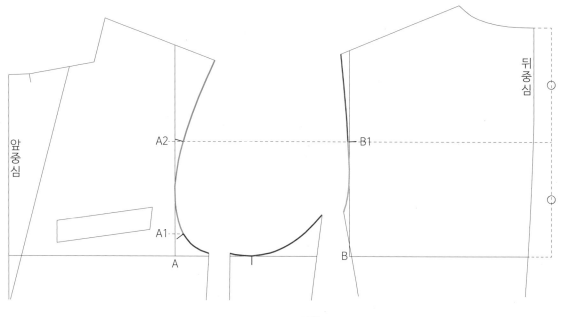

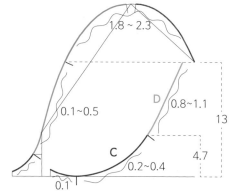

암홀 소매 너치

A-A1	2.5
A-A2	13
B-B1	13
C 구간과 D 구간 이세의 총량은 1cm ~ 1.3cm 정도 부여한다.	

몸판과 소매의 올을 맞추어 너치를 분배해 줄 수 있다. (체크 원단)
디자인과 원단에 따라 이세량을 조절해 줄 수 있다.
곡선의 모양에 따라 이세량이 달라질 수 있다.
원단이나 봉제 여건에 따라 부분적으로만 체크를 맞출 수도 있다. (ex. D 구간 체크 포기)

무지 원단, 올을 맞출 필요가 없는 경우엔 상의 원형 두장 소매처럼 너치를 맞출 수 있다.

자켓 두장 소매 너치

남성복 2버튼 자켓 두장 소매

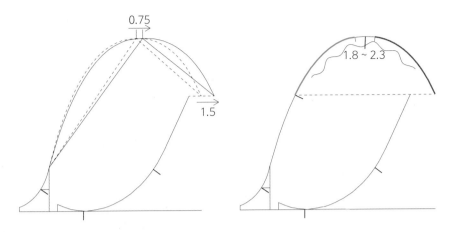

큰 소매를 옆으로 늘려서 머리 이세량을 확보해 줄 수 있다.

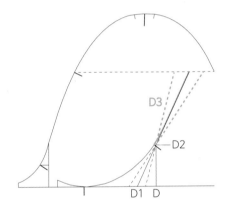

D-D1 값을 조정해주며 D3 구간의 이세량을 조절해줄 수 있다.

자켓 두장 소매 이세량 조절

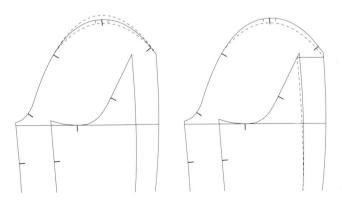

무지 원단, 올을 맞출 필요가 없는 경우엔 상의 원형 두장 소매처럼 소매 길이를 조절해 줄 수 있다.

남성복 2버튼 자켓 두장 소매

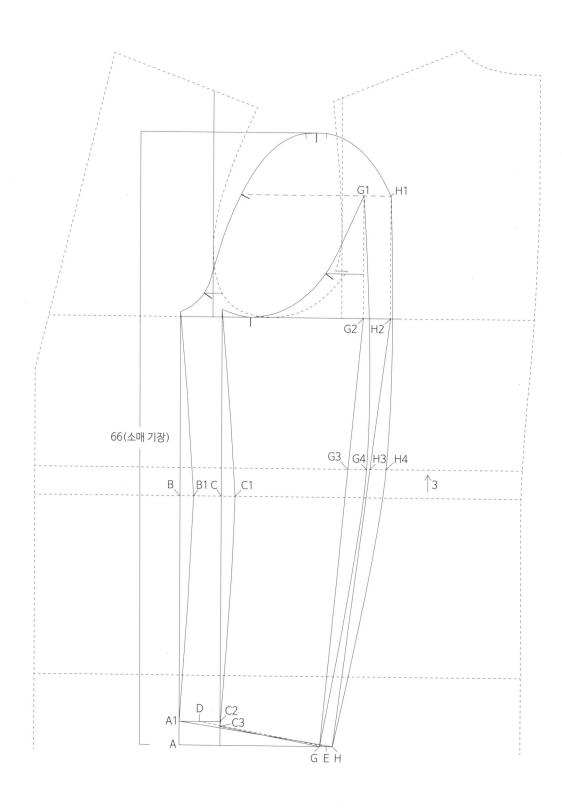

66(소매 기장)

자켓 두장 소매

E.Hoo Atelier 56

남성복 2버튼 자켓 두장 소매

A-A1	2.5	
B-B1	1.5	
C-C1	1.5	
D	A1-C2 중간 점	
C2-C3	0.5	작은 소매 인심을 0.5cm 내린다
D-E	14	(소매 부리 28cm) / 2 = 14
E-G	0.7	(G1-H1 길이) / 4 = 0.7 ~ 1
E-H	0.7	(G1-H1 길이) / 4 = 0.7 ~ 1
G2	G1 에서 수직으로 내려온 점	
H2	H1 에서 수직으로 내려온 점	
G-G2	직선 연결	
G3-G4	2	작은 소매 아웃심 자연스럽게 연결
H-H2	직선 연결	
H3-H4	1.8	큰 소매 아웃심 자연스럽게 연결
A1-H	직선 연결	큰 소매 밑단 연결
C3-G	직선 연결	작은 소매 밑단 연결

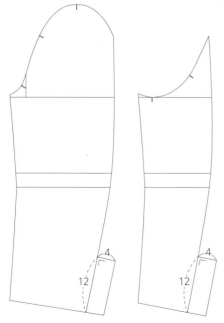

리얼 버튼 소매 트임을 만들어 줄 수 있다. (홍아개)

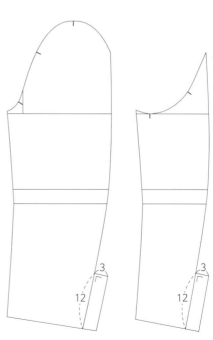

가자리 소매 트임을 만들어 줄 수 있다. (가짜)

남성복 2버튼 자켓 너치드 카라

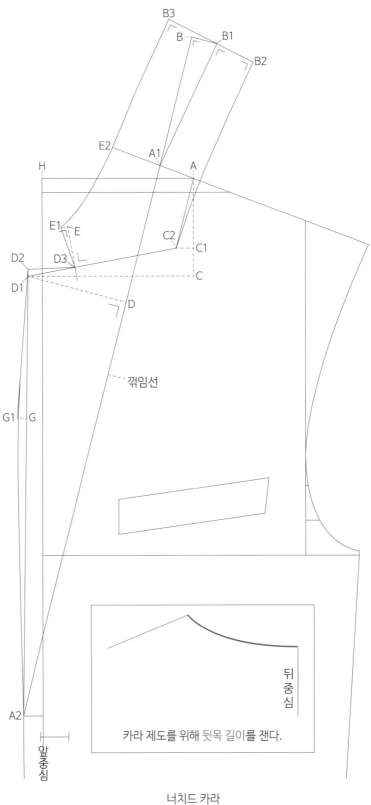

꺾임선

카라 제도를 위해 뒷목 길이를 잰다.

뒤중심

앞중심

너치드 카라

남성복 2버튼 자켓 너치드 카라

H-A	11.2	8.7cm + 2.5cm
A-A1	2.5	
A2-A1	직선 연결	(A2-A1) 을 B 까지 연장한다.
A1-B	9.6	뒷목 길이 + 0.3cm
B-B1	2	
A1-B1	직선 연결	(A1-B1) 의 직각선을 그린다.
B1-B2	3	
B1-B3	4	
A-C	7	A에서 7cm 내린다.
C-C1	2	C1에서 가로로 수평선을 그린다.
C2		C1에서 가로로 그린 수평선과 (A1-A2) 의 평행선이 만나는 점
D-D1	7.5	라펠 크기. D1과 C2 직선 연결
D1		C에서 가로로 그린 수평선과 (A1-A2) 의 수직선이 만나는 점
D1-D2	0.5	D1에서 0.5cm 올라간다.
D2-D3	3.5	(D1-C2) 선에 닿게 (D2-D3) 을 그린다.
D3-E	3	(D3-C2) 에 수직으로 3cm 를 올라간다.
E-E1	0.5	(D3-E) 에 수직으로 0.5cm 를 나간다.
A1-E2	3.8	자연스럽게 카라를 그린다.
D2-G	10.6	D2, A2를 직선으로 연결 후, 1/3 지점인 G를 표시.
G-G1	0.7	D2-G1 직선 연결 후, 라펠 아래를 자연스럽게 곡선 연결.

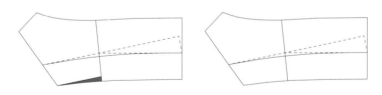

몸판과 지에리 카라 분리 시, 겹칩분을 유의하여 분리한다.

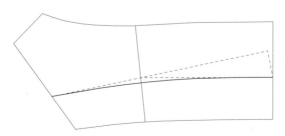

카라 꺾임선을 곡선으로 자연스럽게 그려준다.

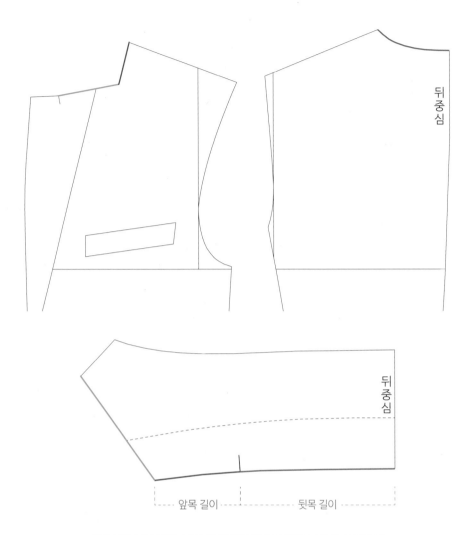

앞목 길이   뒷목 길이

지에리와 몸판 앞목, 뒷목의 길이를 맞추어 옆목 너치를 표시한다.

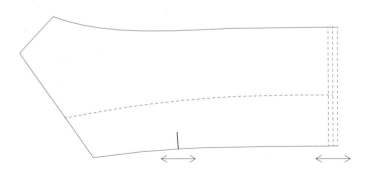

길이가 맞지 않을 경우, 몸판 목 길이에 맞게 카라 길이를 조절한다.

지에리 정리

남성복 2버튼 자켓 너치드 카라

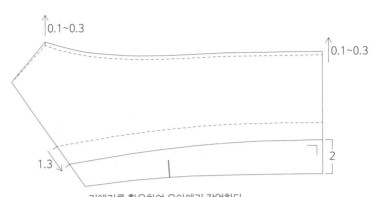

0.1~0.3

0.1~0.3

1.3

2

지에리를 활용하여 우아에리 작업한다.
우아에리 넘김분 0.1 ~ 0.3cm 여유를 주고 밴드 선을 그린다. (넘김분은 원단 두께에 따라 달라질 수 있다)

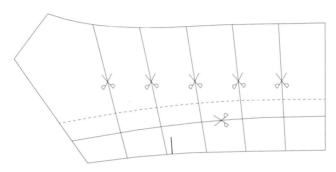

밴드를 절개하고, 카라를 6등분한다

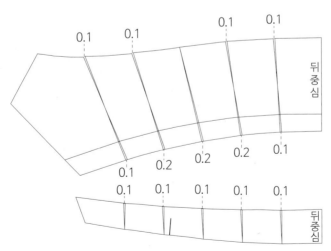

0.1   0.1   0.1   0.1

0.1   0.2   0.2   0.2   0.1

뒤중심

0.1   0.1   0.1   0.1   0.1

뒤중심

밴드의 카라와 봉제되는 부분 0.5cm 집어준다.
카라의 밴드와 봉제되는 부분 0.8cm 집어준다. 카라 외경 0.4cm 벌린다.

우아에리 제작

남성복 2버튼 자켓 너치드 카라

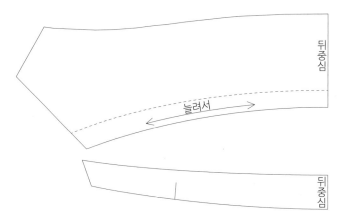

뒤중심

늘려서

뒤중심

우아에리의 집어주고 벌려준 선을 부드럽게 정리한다

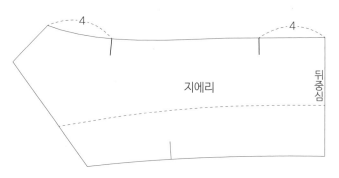

4   4

지에리

뒤중심

지에리 외경에서4cm, 뒤중심에서 4cm 들어와 너치 표시한다.

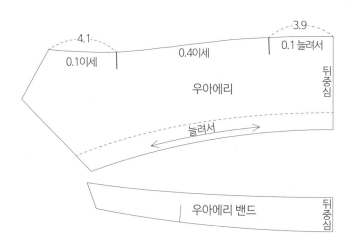

4.1   3.9
0.1이세   0.4이세   0.1 늘려서

우아에리

뒤중심

늘려서

우아에리 밴드

뒤중심

우아에리 완성

남성복 2버튼 자켓 너치드 카라

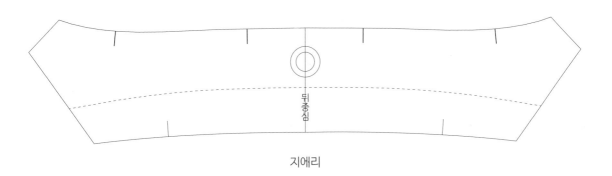

지에리

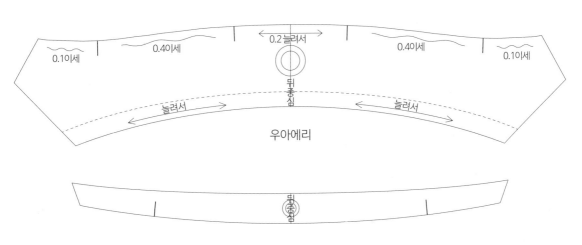

우아에리

우아에리 밴드 카라

우아에리 지에리 정리

E.Hoo Atelier 63

남성복 2버튼 자켓 3피스 정리

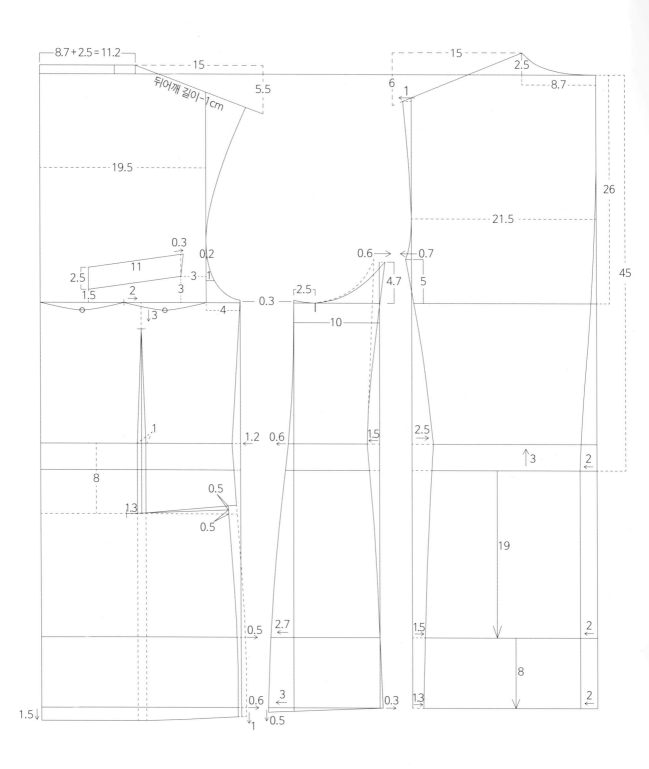

남성복 2버튼 자켓을 한번에 제도할 수 있다.

남성복 2버튼 자켓 3피스 정리

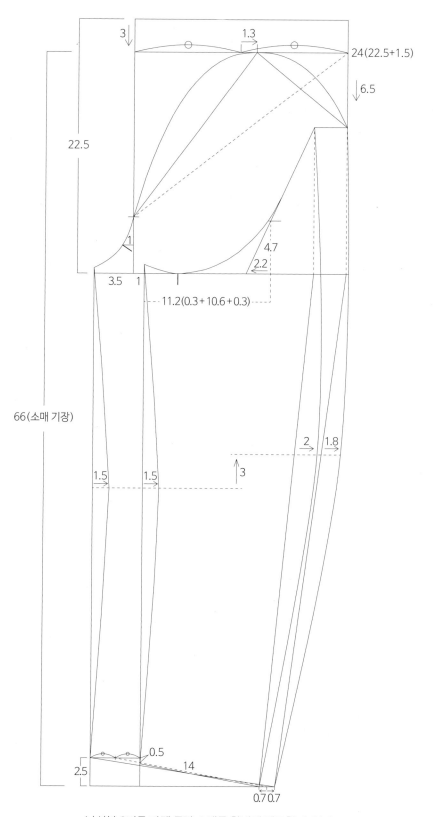

남성복 2버튼 자켓 두장 소매를 한번에 제도할 수 있다.

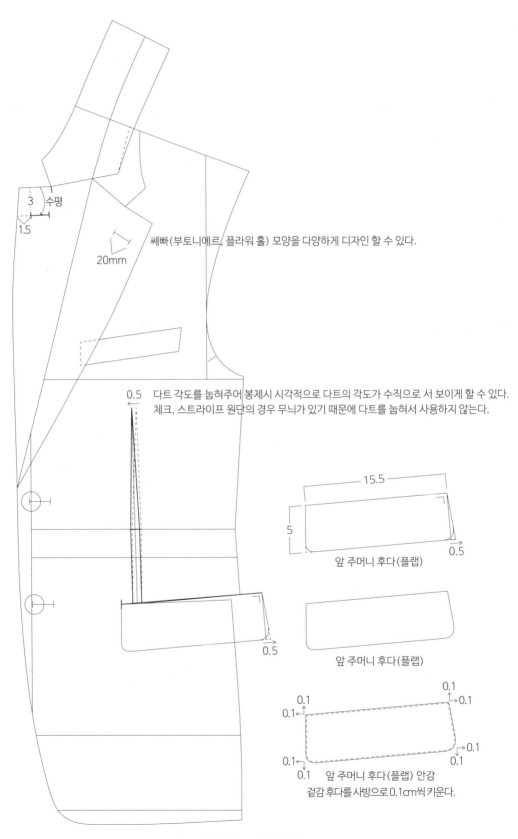

수평

3

1.5

20mm

쎄빠(부토니에르, 플라워 홀) 모양을 다양하게 디자인 할 수 있다.

0.5   다트 각도를 눕혀주어 봉제시 시각적으로 다트의 각도가 수직으로 서 보이게 할 수 있다.
체크, 스트라이프 원단의 경우 무늬가 있기 때문에 다트를 눕혀서 사용하지 않는다.

15.5

5

0.5

앞 주머니 후다(플랩)

0.5

앞 주머니 후다(플랩)

0.1   0.1
0.1   0.1
0.1

0.1   0.1
0.1   0.1
앞 주머니 후다(플랩) 안감
겉감 후다를 사방으로 0.1cm씩 키운다.

다트 눕힘 및 쎄빠, 주머니 후다

E.Hoo Atelier 66

남성복 2버튼 자켓 주머니 부속과 미까시

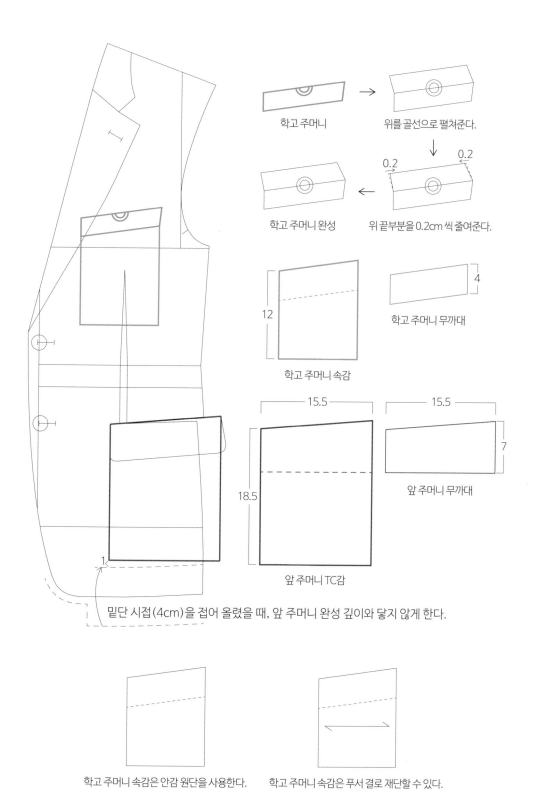

학고 주머니

위를 골선으로 펼쳐준다.

0.2   0.2

학고 주머니 완성

위끝부분을 0.2cm 씩 줄여준다.

12

4

학고 주머니 무까대

학고 주머니 속감

15.5   15.5

18.5

7

앞 주머니 무까대

1

앞 주머니 TC감

밑단 시접(4cm)을 접어 올렸을 때, 앞 주머니 완성 깊이와 닿지 않게 한다.

학고 주머니 속감은 안감 원단을 사용한다.   학고 주머니 속감은 푸서 결로 재단할 수 있다.

학고 주머니 및 앞 주머니

남성복 2버튼 자켓 주머니 부속과 미까시

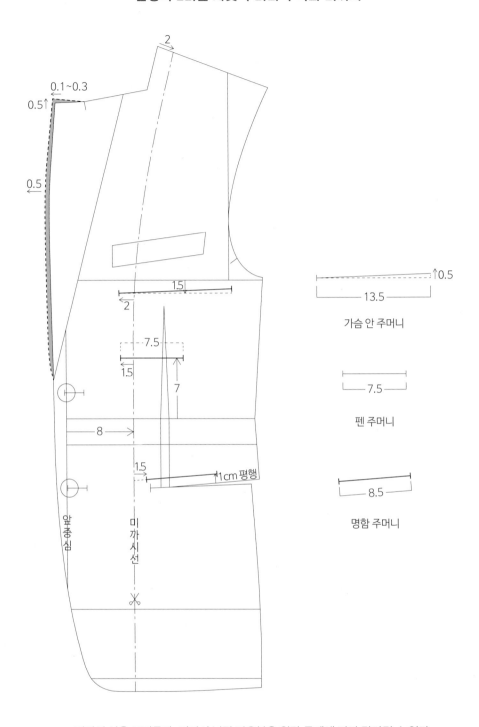

2

0.1~0.3

0.5↑

0.5←

↑0.5

13.5

가슴 안 주머니

1.5

2

7.5

1.5

7

7.5

펜 주머니

8

1.5

1cm 평행

8.5

명함 주머니

앞중심

미까시선

미까시 선을 그려준다. 미까시 넘김 여유분은 원단 두께에 따라 달라질 수 있다.

미까시와 안감을 분리한다. 안 주머니, 펜 주머니, 명함 주머니 위치를 잡아준다.

미까시(안단) 및 앞판 안감

남성복 2버튼 자켓 주머니 부속과 미까시

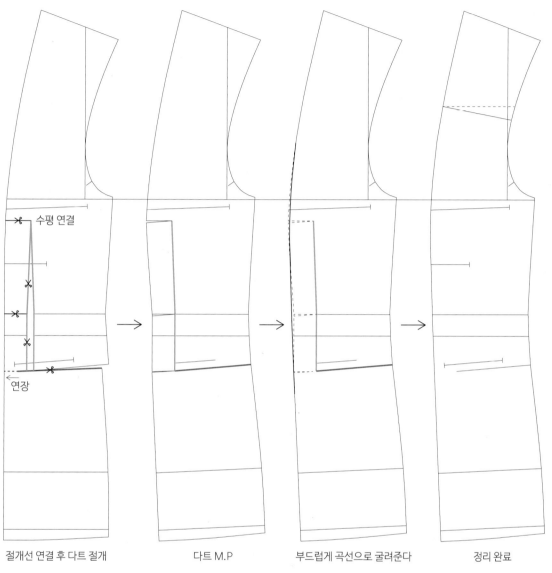

수평 연결

연장

절개선 연결 후 다트 절개   다트 M.P   부드럽게 곡선으로 굴려준다   정리 완료

앞판 안감 다트를 M.P 하여 정리한다.

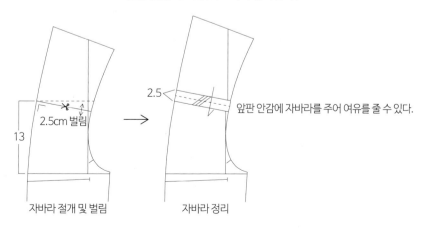

2.5cm 벌림

13

2.5   앞판 안감에 자바라를 주어 여유를 줄 수 있다.

자바라 절개 및 벌림   자바라 정리

앞판 안감 다트 정리 및 자바라

남성복 2버튼 자켓 주머니 부속과 미까시

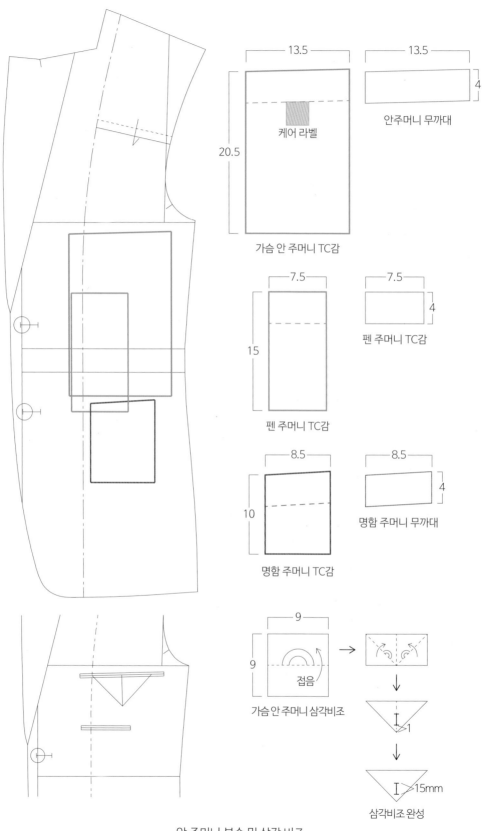

13.5

20.5

케어 라벨

가슴 안 주머니 TC감

13.5

4

안주머니 무까대

7.5

15

펜 주머니 TC감

7.5

4

펜 주머니 TC감

8.5

10

명함 주머니 TC감

8.5

4

명함 주머니 무까대

9

9

접음

가슴 안 주머니 삼각비조

1

15mm

삼각비조 완성

안 주머니 부속 및 삼각 비조

E.Hoo Atelier 70

남성복 2버튼 자켓 주머니 부속과 미까시

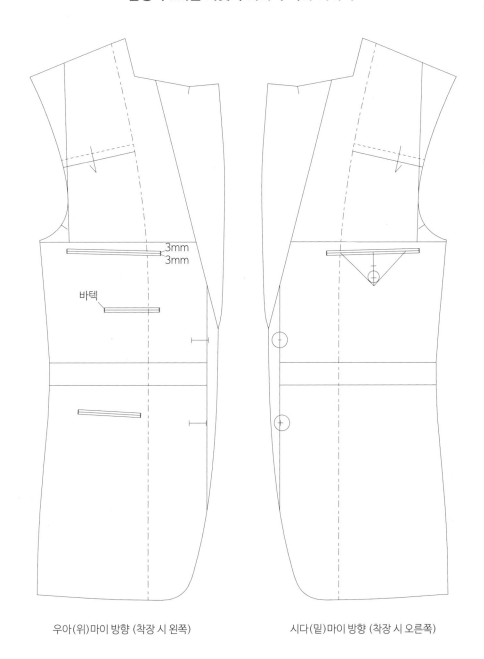

3mm
3mm

바텍

우아(위)마이 방향 (착장 시 왼쪽)   시다(밑)마이 방향 (착장 시 오른쪽)

안주머니 쌍입술 두께는 각각 3mm, 총 6mm

안주머니 양 끝에 바텍을 칠 수 있다.

우아(위)마이 방향 (착장 시 왼쪽), 가슴 안 주머니 TC감 위 무까대 봉제 시, 케어라벨을 끼워 봉제한다.

시다(밑)마이 방향 (착장 시 오른쪽), 쌍입술 제작 시, 삼각비조를 끼워 제작한다.

내부 주머니 사양

남성복 2버튼 자켓 주머니 부속과 미까시

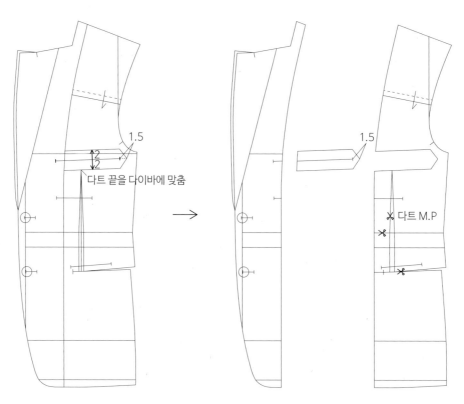

1.5

2
2

다트 끝을 다이바에 맞춤

1.5

다트 M.P

가슴 주머니선에 수평으로 다이바 선을 그리고, 다트 끝을 다이바에 맞춘다.

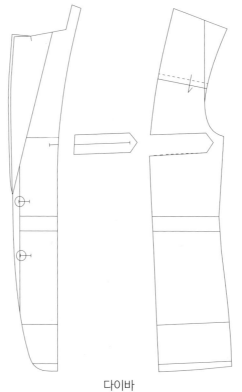

다이바

미까시에 다이바 디자인을 넣을 수 있다.

남성복 2버튼 자켓 주머니 부속과 미까시

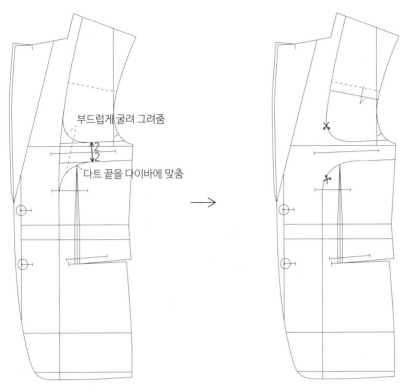

부드럽게 굴려 그려줌

다트 끝을 다이바에 맞춤

가슴 주머니선에 수평으로 다이바 선을 그리고, 다트 끝을 다이바에 맞춘다.

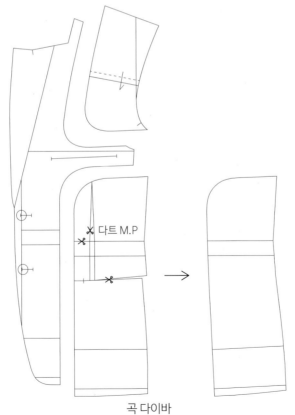

다트 M.P

곡 다이바

미까시에 곡 다이바 디자인을 넣을 수 있다.

E.Hoo Atelier 73

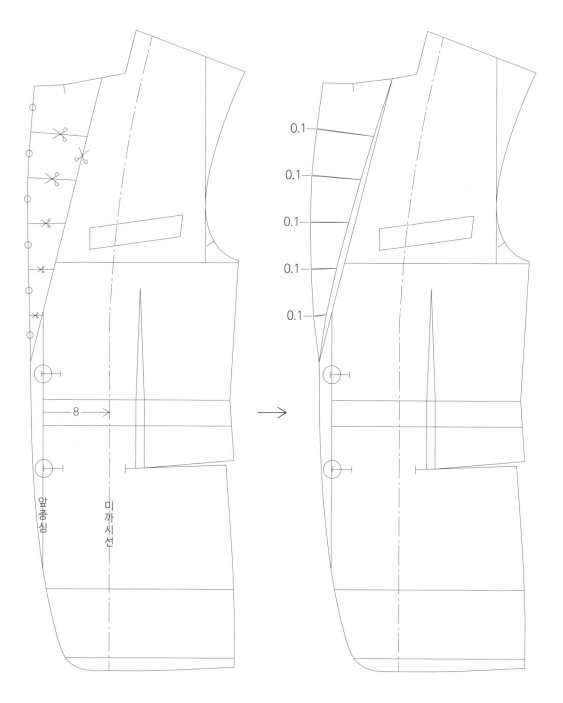

꺾임선을 절개하고 라펠 외경을 6등분한다.

꺾임선 끝과 끝을 고정하며, 라펠 외경을 0.1cm 씩 벌려준다.

미까시 넘김 여유분을 부여하는 또 다른 방법. 라펠 외경을 벌리는 값은 원단 두께에 따라 달라질 수 있다.

미까시(안단) ver.2

E.Hoo Atelier 74

남성복 2버튼 자켓 주머니 부속과 미까시

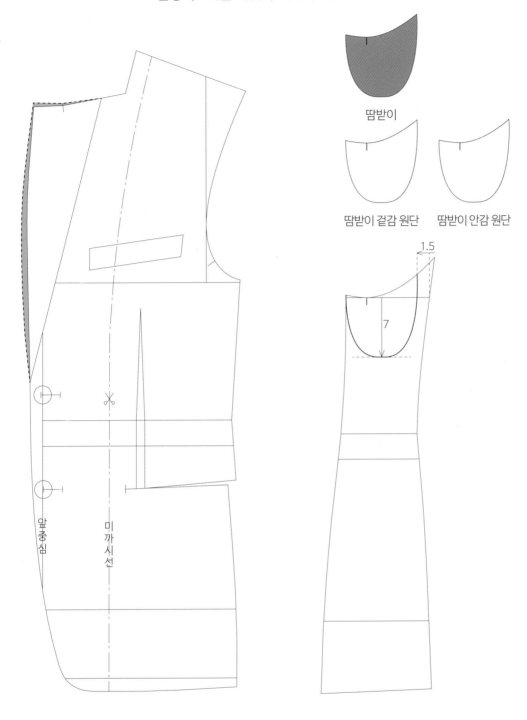

땀받이

땀받이 겉감 원단   땀받이 안감 원단

1.5

7

앞중심

미까시선

벌린 외경을 부드럽게 정리한다.
미까시 ver.2 완성

사이바 암홀선에 땀받이를 만들어줄 수 있다.
땀받이는 겉감 원단, 안감 원단 총 두장을 사용한다.

미까시(안단) ver.2 및 땀받이

남성복 2버튼 자켓 몸판 및 소매 트임

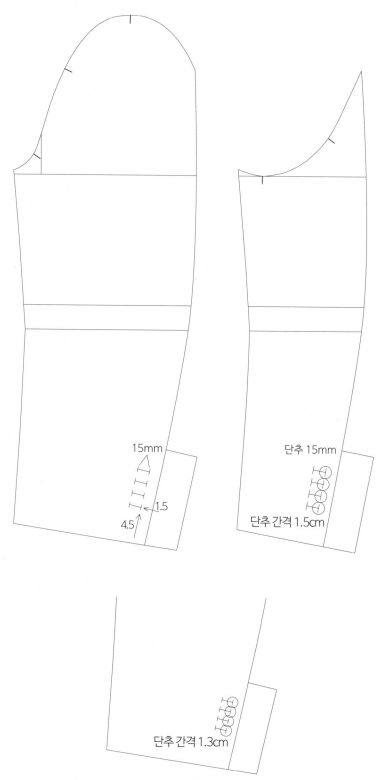

15mm

단추 15mm

1.5

4.5

단추 간격 1.5cm

단추 간격 1.3cm

단추 간격을 1.3cm 로 하여 단추를 겹치게 디자인 할 수 있다.

소매 트임 및 단추

남성복 2버튼 자켓 몸판 및 소매 트임

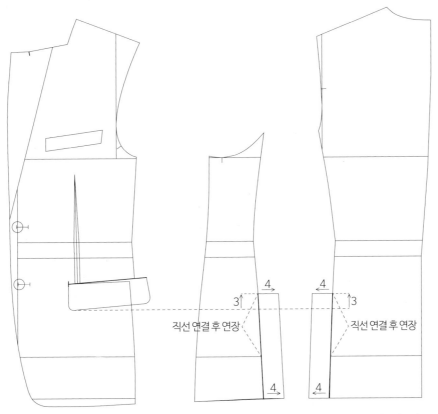

직선 연결 후 연장   직선 연결 후 연장

후다에서 3cm 올라가 트임 끝을 잡고, 트임 끝과 힙과 직선연결하고 밑단까지 연장, 트임을 만들어준다.

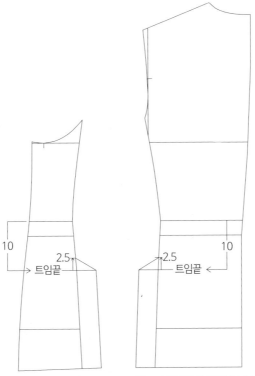

트임끝   트임끝

트임끝 표시를 해주고 2.5cm 위로 트임 힘받이 여유를 준다.

사이드 벤트(더블 벤트)

남성복 2버튼 자켓 몸판 및 소매 트임

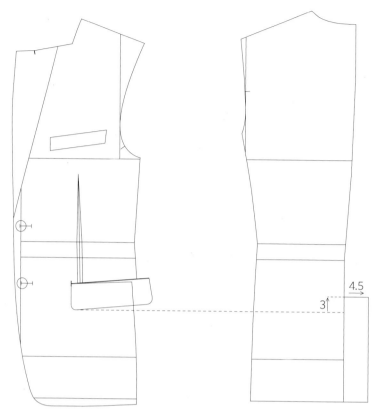

후다에서 3cm 올라가 트임 끝을 잡고, 트임을 만들어준다.

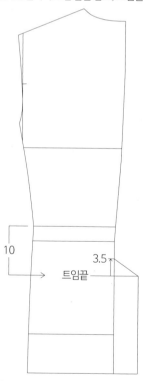

트임끝 표시를 해주고 3.5cm 위로 트임 힘받이 여유를 준다.

센터 벤트(싱글 벤트)

남성복 2버튼 자켓 3피스 그레이딩 및 발란스

그레이딩 편차값

가슴: 4cm
어깨: 1.5cm
몸판 기장: 1.5cm
소매 기장: 0.5cm
소매통: 1cm

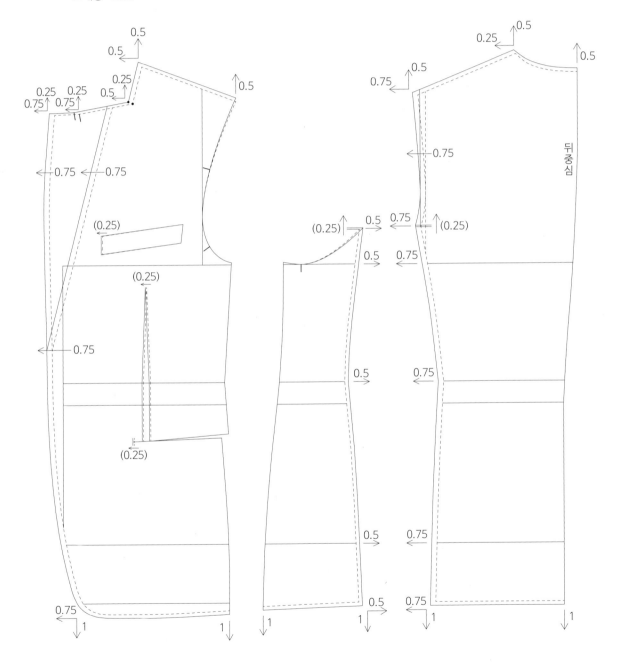

자켓 그레이딩

E.Hoo Atelier 79

남성복 2버튼 자켓 3피스 그레이딩 및 발란스

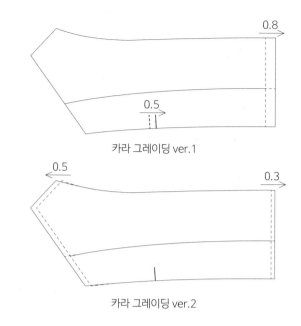

카라 그레이딩 ver.1

카라 그레이딩 ver.2

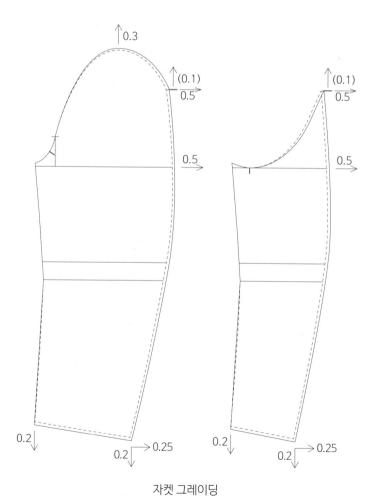

자켓 그레이딩

남성복 2버튼 자켓 3피스 그레이딩 및 발란스

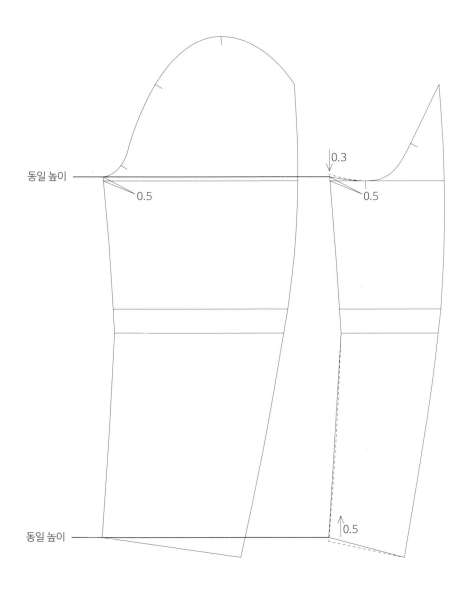

동일 높이

0.5

0.3

0.5

동일 높이

0.5

체크나 문양을 맞추기 위해 큰 소매, 작은 소매의 인심 높이를 동일하게 맞출 수 있다.
큰 소매 인심을 노바시하지 못하게 되어, 소매 모양을 내는 데에 불리할 수 있다.
자리잡음 다림질을 하여 모양을 내는 데에 도움을 줄 수 있다.

두장 소매 체크 결 맞춤

남성복 2버튼 자켓 안감

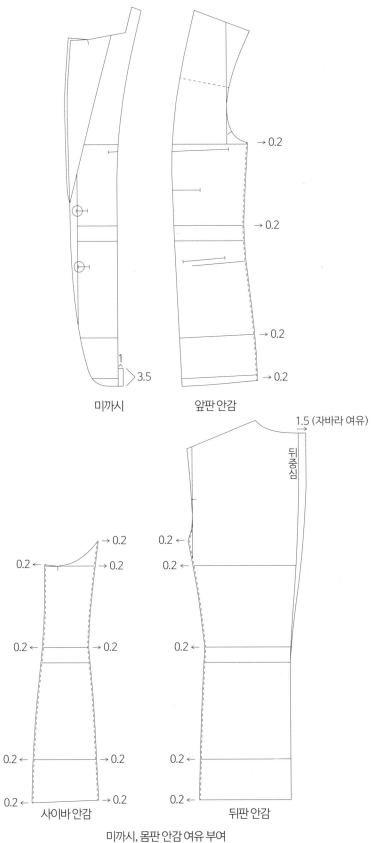

미까시

앞판안감

→ 0.2

→ 0.2

→ 0.2

→ 0.2

1
3.5

1.5 (자바라 여유)

뒤중심

0.2 ←

0.2 ←

→ 0.2

→ 0.2

0.2 →

0.2 ←   → 0.2

0.2 ←   → 0.2

0.2 ←

0.2 ←   → 0.2

0.2 ←   → 0.2

0.2 ←

0.2 ←

사이바 안감

뒤판안감

미까시, 몸판 안감 여유 부여

E.Hoo Atelier 82

남성복 2버튼 자켓 안감

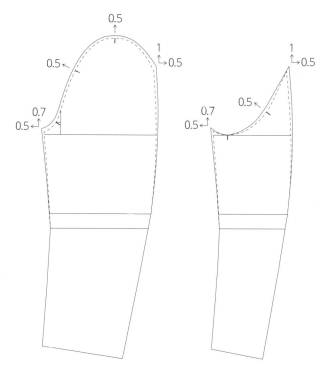

가자리 소매의 안감은 트임 부분이 필요 없다.
가자리(가짜) 소매 트임 안감

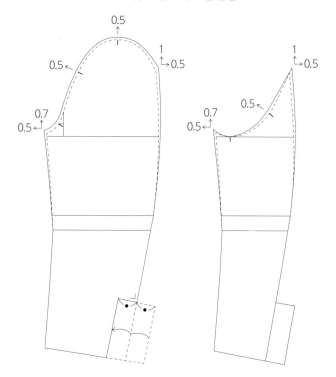

홍아개 소매 안감의 큰소매 트임은 안으로 접어 파낸다.
홍아개(리얼 버튼) 소매 트임 안감

소매 안감 여유 부여

E.Hoo Atelier 83

남성복 2버튼 자켓 안감

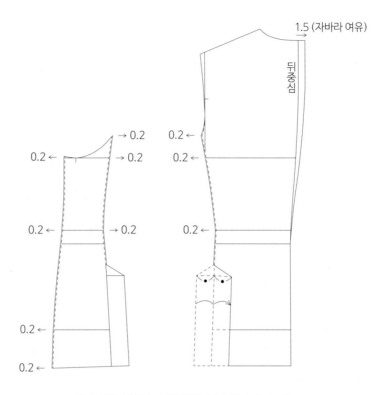

사이드 벤트(더블 벤트) 안감 정리 및 여유 부여

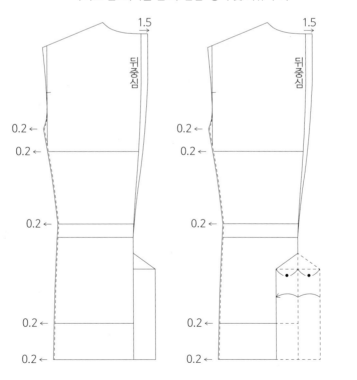

센터 벤트(싱글 벤트) 안감 정리 및 여유 부여

남성복 2버튼 자켓 안감

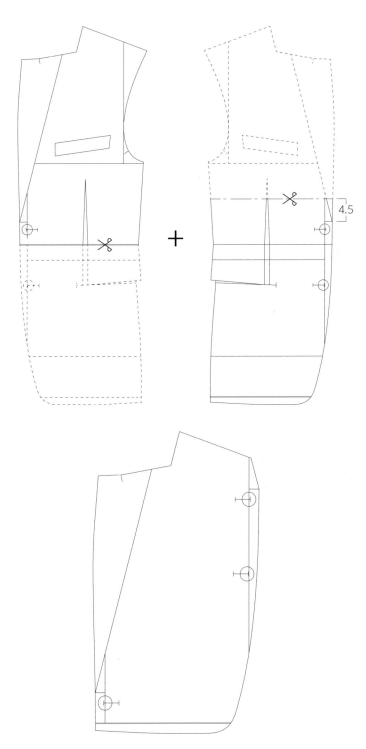

4.5

봉제시 라펠과 앞 도련선의 외곽선을 맞춰보기 위한 라펠, 앞 도련선 데끼판을 만들어 줄 수 있다.

라펠 & 앞 도련선 데끼판

E.Hoo Atelier 85

남성복 2버튼 자켓 시접

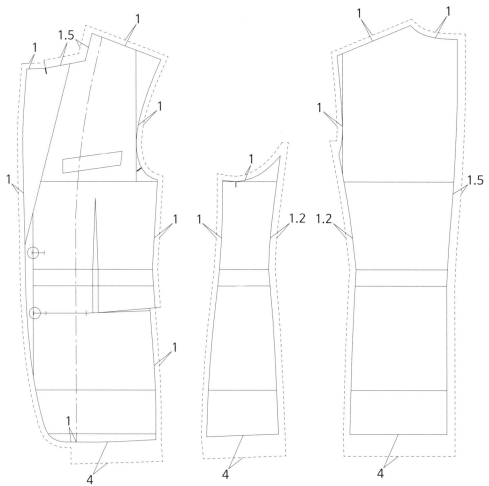

앞판의 카라와 봉제되는 목 부분 시접은 고다찌 하여 1cm 로 정리. 고다찌 봉제를 하지 않을 경우, 시접 1cm 부여

몸판 겉감 시접 분배

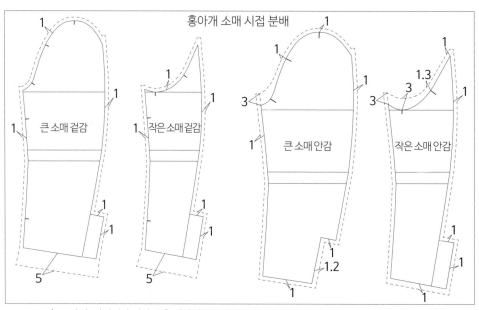

홍아개 소매 시접 분배

큰 소매 겉감

작은 소매 겉감

큰 소매 안감

작은 소매 안감

★ 고다찌: 라펠이나 카라 등을 꺾임선으로 접어 다리고 모양을 잡고 시접을 정리하는 정밀 재단

E.Hoo Atelier 86

남성복 2버튼 자켓 시접

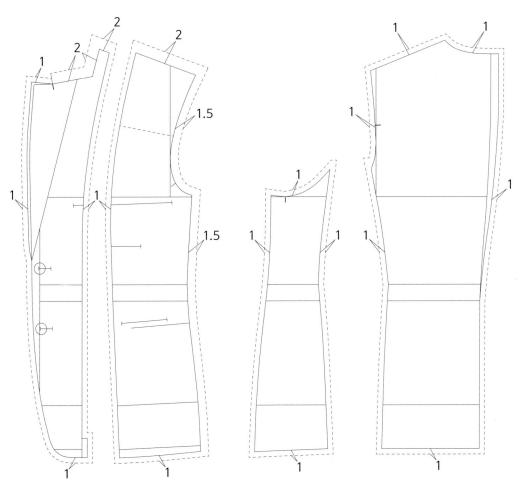

앞판의 카라와 봉제되는 목 부분, 어깨, 암홀, 앞판 와끼 시접은 고다찌 하여 1cm 로 정리.
몸판 안감 시접 분배

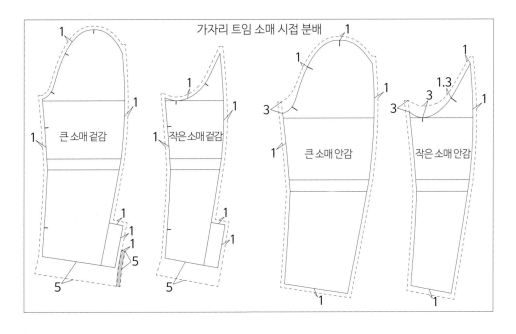

가자리 트임 소매 시접 분배

큰 소매 겉감

작은 소매 겉감

큰 소매 안감

작은 소매 안감

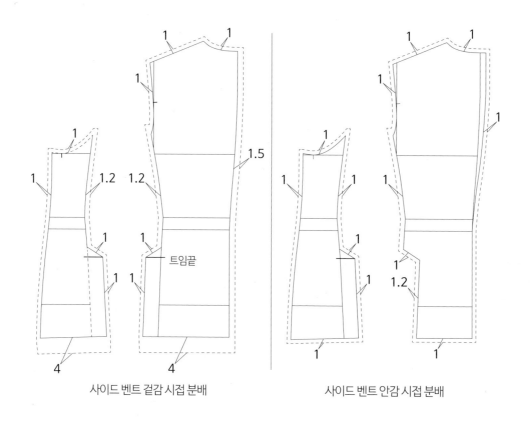

사이드 벤트 겉감 시접 분배

사이드 벤트 안감 시접 분배

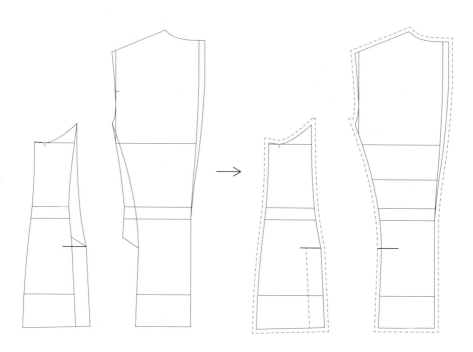

사이드 벤트 안감 시접 분배 ver.2

트임 시접 분배

E.Hoo Atelier 88

남성복 2버튼 자켓 시접

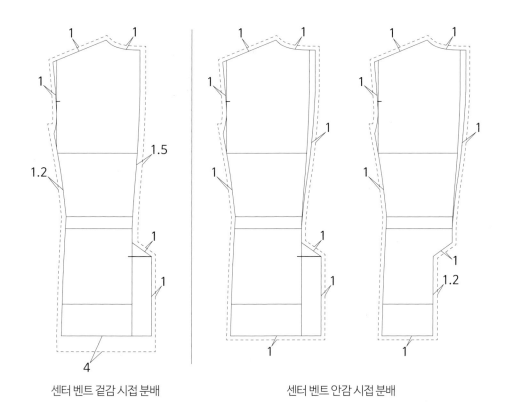

센터 벤트 겉감 시접 분배   센터 벤트 안감 시접 분배

트임 시접 분배

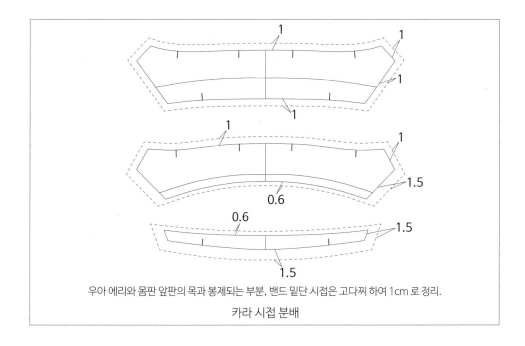

우아 에리와 몸판 앞판의 목과 봉제되는 부분, 밴드 밑단 시접은 고다찌 하여 1cm 로 정리.

카라 시접 분배

남성복 2버튼 자켓 시접

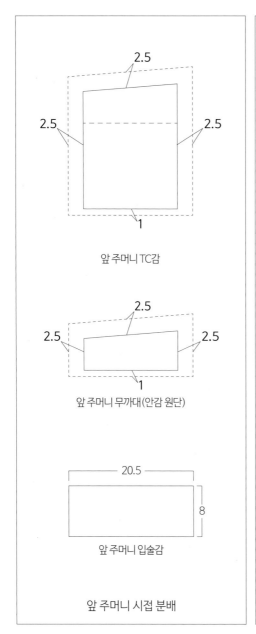

앞 주머니 TC감

앞 주머니 무까대(안감 원단)

20.5

8

앞 주머니 입술감

앞 주머니 시접 분배

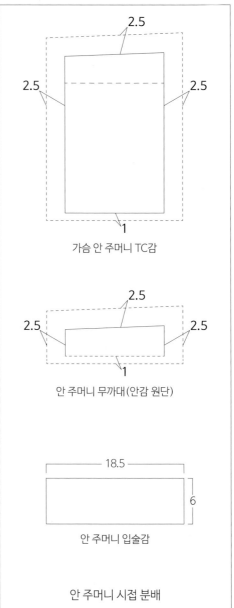

가슴 안 주머니 TC감

안 주머니 무까대(안감 원단)

18.5

6

안 주머니 입술감

안 주머니 시접 분배

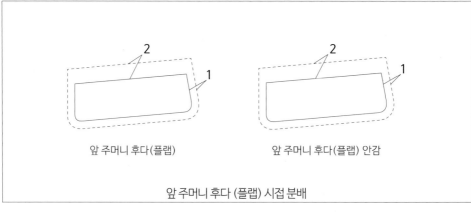

앞 주머니 후다(플랩)

앞 주머니 후다(플랩) 안감

앞 주머니 후다 (플랩) 시접 분배

남성복 2버튼 자켓 시접

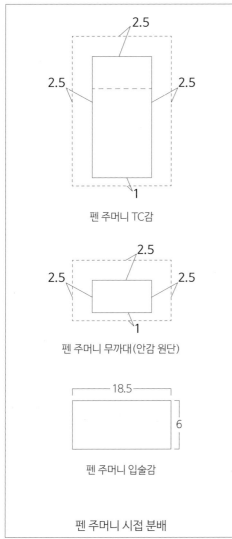

펜 주머니 TC감

펜 주머니 무까대(안감 원단)

펜 주머니 입술감

펜 주머니 시접 분배

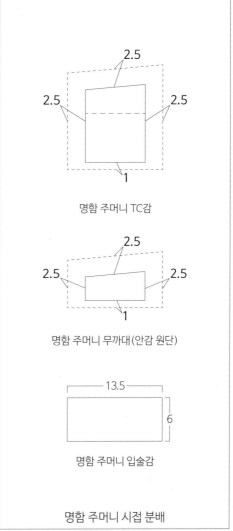

명함 주머니 TC감

명함 주머니 무까대(안감 원단)

명함 주머니 입술감

명함 주머니 시접 분배

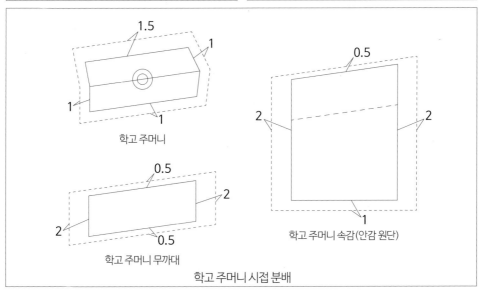

학고 주머니

학고 주머니 속감(안감 원단)

학고 주머니 무까대

학고 주머니 시접 분배

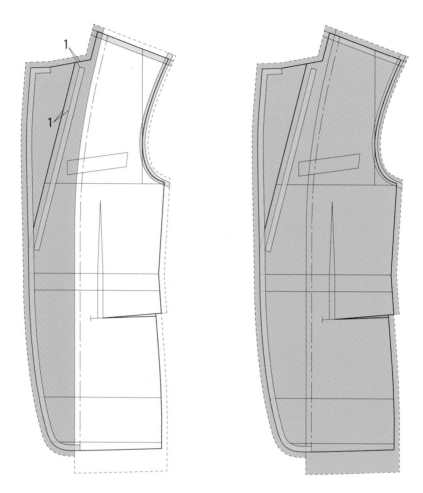

미까시선 보다 1cm 들어와 심지를 바를 수 있다.   앞판 전체에 심지를 바를 수 있다.

미까시선보다 1cm 들어와서 심지를 바르거나 전체에 바른다. 디자인, 원단 등에 따라 심지 바르는 방법이 달라질 수 있다.

카라 끝 너치에서 라펠선과, 앞 도련선을 따라 다데 테잎을 붙인다.

꺾임선에서 1cm 떨어져서 다데 테잎을 살짝 당기며 붙인다. 목선에서 1cm 떨어진 곳까지 붙인다.

어깨선을 따라 다데 테잎을 붙인다.

암홀선을 따라 암홀 완성선과 물리게(양 옆 0.5cm 씩) 암홀 테잎을 붙인다.

암홀선에는 디자인, 원단 등에 따라 바이어스, 비바이어스, 암홀 테잎 등을 붙일 수 있다.

남성복 2버튼 자켓 심지 및 테이프

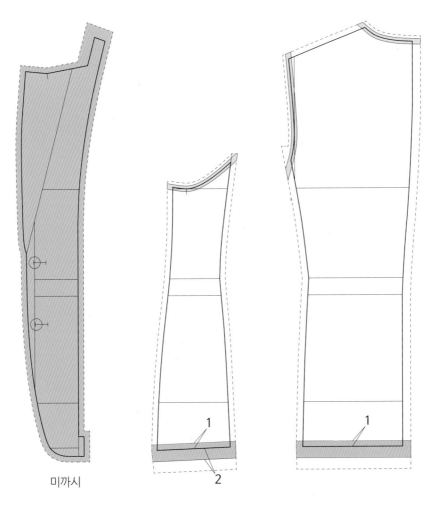

미까시

미까시 전체에 심지를 바른다. 사이바, 뒤판 밑단에 심지를 바를 수 있다.

암홀선을 따라 암홀 완성선과 물리게(양 옆 0.5cm 씩) 암홀 테잎을 붙인다.

암홀선에는 디자인, 원단 등에 따라 바이어스, 비바이어스, 암홀 테잎 등을 붙일 수 있다.

뒷목선을 따라 뒷목 완성선과 물리게(양 옆 0.5cm 씩) 다데 테잎을 붙인다.

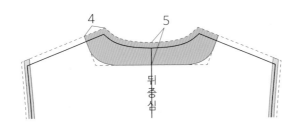

뒷목선에 다데 테잎을 붙일 수도 있고, TC감을 비접착 심지로 사용할 수 있다.

심지 및 테이프

E.Hoo Atelier 93

남성복 2버튼 자켓 심지 및 테이프

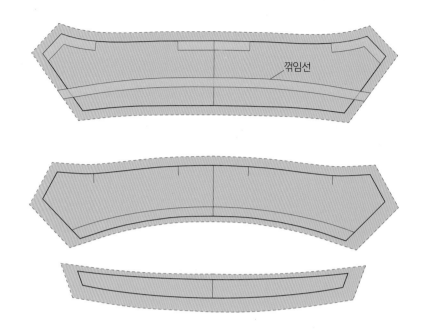

지에리, 우아에리, 우아에리 밴드 카라 전체에 심지를 바른다.

지에리 꺾임선을 따라 아래로 다데 테잎을 붙인다. 살짝 당기면서 테잎을 붙인다.

지에리 카라 끝 너치까지 다데 테잎을 붙인다. 뒤중심에서 너치까지 다데 테잎을 붙인다.

학고 주머니 전체에 종이 심지를 바른다.

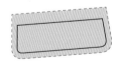

앞 주머니 후다(플랩) 전체에 종이 심지를 바른다.

앞 주머니 입술감 전체에 종이 심지를 바른다.

심지 및 테이프

E.Hoo Atelier 94

남성복 2버튼 자켓 심지 및 테이프

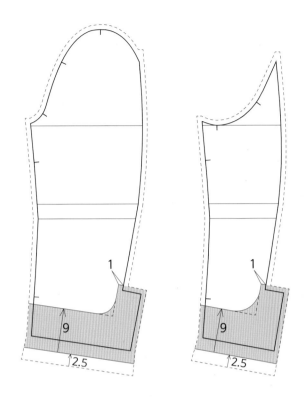

소매 밑단쪽과 트임쪽에 심지를 바른다. 심지는 바이어스결로 재단한다.

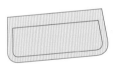

앞 주머니 후다(플랩) 안감 전체에 비접착 종이 심지를 부착한다.
비접착 종이심지는 가장자리에서 2mm 들어와 봉제하여 사용한다.

가슴 안주머니 입술감, 펜주머니 입술감, 명함 주머니 입술감 전체에 비접착 종이 심지를 부착한다.

가슴 안주머니 삼각비조 전체에 비접착 종이 심지를 부착한다.

심지 및 테이프

E.Hoo Atelier 95

남성복 2버튼 자켓 심지 및 테이프

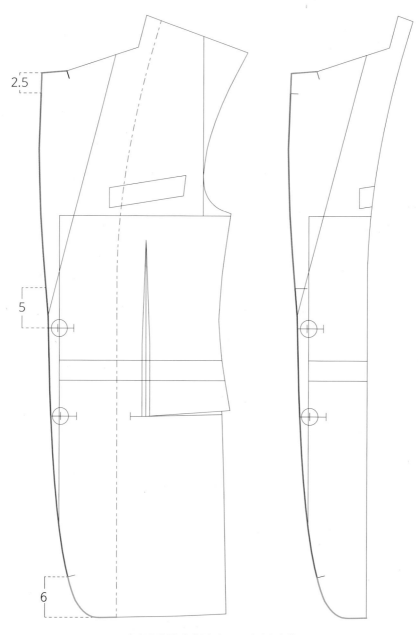

미까시의 길이가 각각 0.1 길다 (이세)

미까시의 길이가 0.1 ~ 0.2 짧다 (노바시)

미까시의 길이가 0.2 길다 (이세)

미까시의 길이가 0.3 길다 (이세)

미까시와 몸판 길이는 같다

미까시의 길이가 0.1 짧다 (노바시)

이세 및 노바시를 적절하게 주어 앞판 넘김을 자연스럽게 만들 수 있다.

앞판 & 미까시 이세 분배

E.Hoo Atelier 96

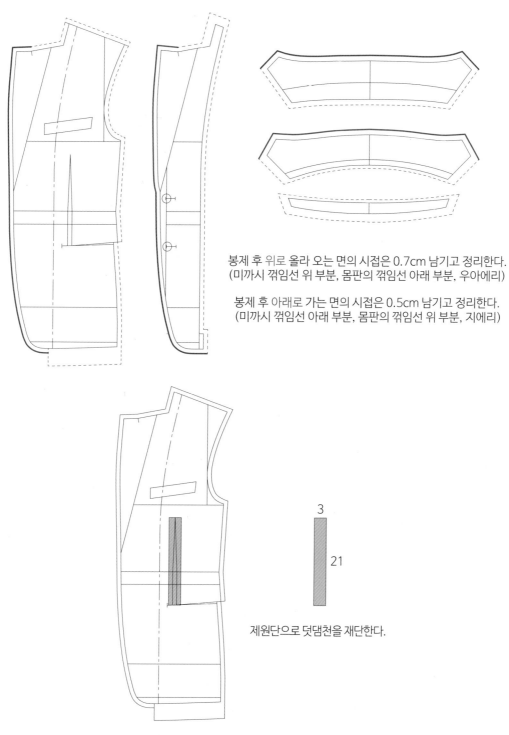

봉제 후 위로 올라 오는 면의 시접은 0.7cm 남기고 정리한다.
(미까시 꺾임선 위 부분, 몸판의 꺾임선 아래 부분, 우아에리)

봉제 후 아래로 가는 면의 시접은 0.5cm 남기고 정리한다.
(미까시 꺾임선 아래 부분, 몸판의 꺾임선 위 부분, 지에리)

3

21

제원단으로 덧댐천을 재단한다.

다트 봉제 시, 덧댐 천 중심을 같이 물려 봉제하여 다트 시접을 분산시켜줄 수 있다.
(봉제 후, 다트 시접과, 덧댐 천 시접을 가름솔하여 다려주고 시접 정리한다.)

시접 정리 및 다트 덧댐 천

기준 사이즈	남성복 3버튼 & 스트라파타 자켓						
(가슴둘레/2)	42	44	46	48	50	52	54
가슴 둘레	97	101	105	109	113	117	121
어깨 너비	40.5	42	43.5	45	46.5	48	49.5
기장	67.5	69	70.5	72	73.5	75	76.5
소매통	36.5	37.5	38.5	39.5	40.5	41.5	42.5
소매기장	64.5	65	65.5	66	66.5	67	67.5

※ 기장은 뒷목점을 기준으로 밑단까지 잰 길이입니다.
※ 가슴둘레 여유량에 따라 핏감이 달라질 수 있습니다.

남성복 3버튼 & 스트라파타 자켓

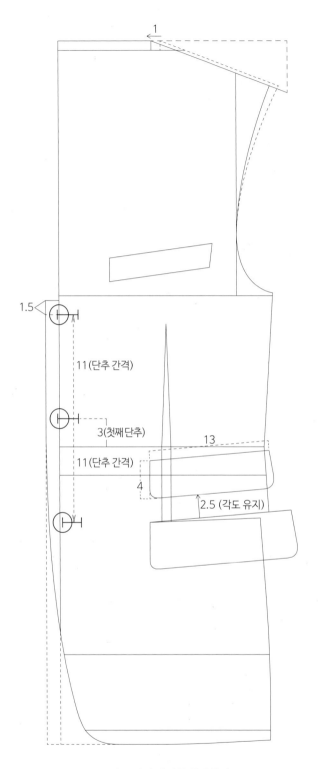

2버튼 자켓 패턴을 활용한다.
앞목 입체량을 1cm 줄인다. 어깨 각도는 그대로 유지한다.

3버튼 자켓

E.Hoo Atelier 100

남성복 3버튼 & 스트라파타 자켓

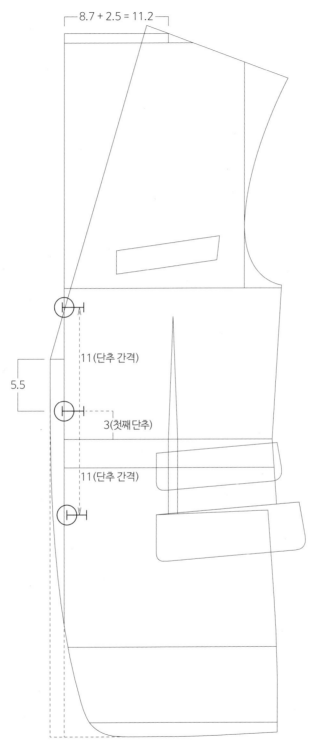

8.7 + 2.5 = 11.2

11 (단추 간격)

5.5

3 (첫째 단추)

11 (단추 간격)

2버튼 자켓 패턴을 활용한다.
2버튼 자켓 패턴의 앞목 입체량을 그대로 사용한다.
첫번째 단추와 두번째 단추 중간에서 꺾임선을 그린다.

3 roll 2 (스트라파타) 자켓

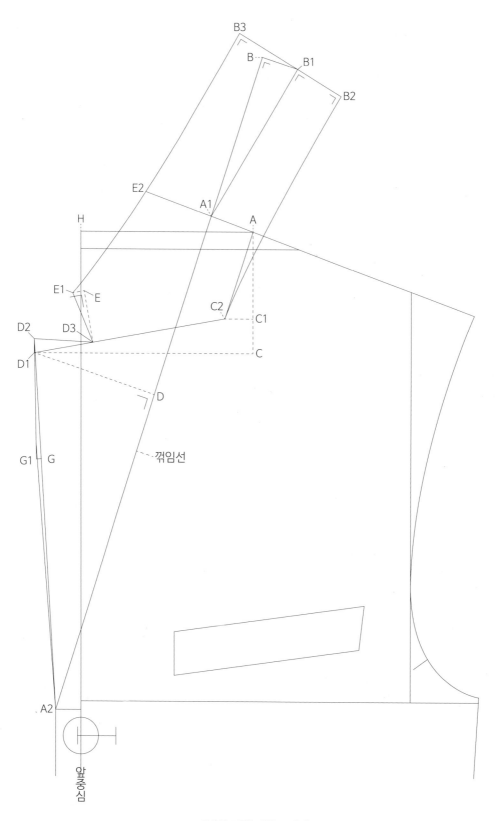

B3
B
B1
B2
E2
A1
A
H
E1
E
C2
C1
D2
D3
C
D1
D
G1 ⊢ G
꺾임선

A2

앞중심

3버튼 자켓 너치드 카라

E.Hoo Atelier 102

남성복 3버튼 & 스트라파타 자켓

H-A	10.2	8.7cm + 1.5cm
A-A1	2.5	
A2-A1	직선 연결	(A2-A1) 을 B 까지 연장한다.
A1-B	9.6	뒷목 길이 + 0.3cm
B-B1	2.2	
A1-B1	직선 연결	(A1-B1) 의 직각선을 그린다.
B1-B2	3	
B1-B3	4	
A-C	7	A에서 7cm 내린다.
C-C1	2	C1에서 가로로 수평선을 그린다.
C2	C1에서 가로로 그린 수평선과 (A1-A2) 의 평행선이 만나는 점	
D-D1	7.5	라펠 크기
D1	C에서 가로로 그린 수평선과 (A1-A2) 의 수직선이 만나는 점	
D1-D2	0.8	D1에서 0.8cm 올라간다.
D2-D3	3.5	(D1-C2) 선에 닿게 (D2-D3) 을 그린다.
D3-E	3	(D3-C2) 에 수직으로 3cm 를 올라간다.
E-E1	0.7	(D3-E) 에 수직으로 0.7cm 를 나간다.
A1-E2	3.9	자연스럽게 카라를 그린다.
D2-G	7.1	D2, A2를 직선으로 연결 후, 1/3 지점인 G를 표시.
G-G1	0.3	D2-G1 직선 연결 후, 라펠 아래를 자연스럽게 곡선 연결.

남성복 3버튼 & 스트라파타 자켓

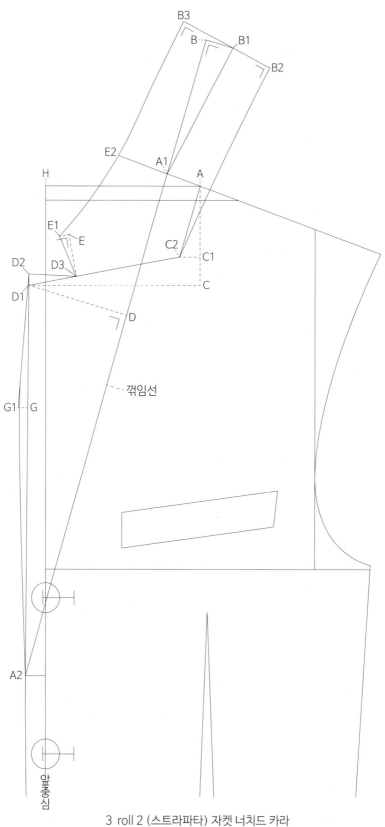

꺾임선

앞중심

3 roll 2 (스트라파타) 자켓 너치드 카라

E.Hoo Atelier 104

H-A	11.2	8.7cm + 2.5cm
A-A1	2.5	
A2-A1	직선 연결	(A2-A1) 을 B 까지 연장한다.
A1-B	9.6	뒷목 길이 + 0.3cm
B-B1	2	
A1-B1	직선 연결	(A1-B1) 의 직각선을 그린다.
B1-B2	3	
B1-B3	4	
A-C	7	A에서 7cm 내린다.
C-C1	2	C1에서 가로로 수평선을 그린다.
C2		C1에서 가로로 그린 수평선과 (A1-A2) 의 평행선이 만나는 점
D-D1	7.5	라펠 크기
D1		C에서 가로로 그린 수평선과 (A1-A2) 의 수직선이 만나는 점
D1-D2	0.8	D1에서 0.8cm 올라간다.
D2-D3	3.5	(D1-C2) 선에 닿게 (D2-D3) 을 그린다.
D3-E	3	(D3-C2) 에 수직으로 3cm 를 올라간다.
E-E1	0.7	(D3-E) 에 수직으로 0.7cm 를 나간다.
A1-E2	3.8	자연스럽게 카라를 그린다.
D2-G	9.4	D2, A2를 직선으로 연결 후, 1/3 지점인 G를 표시.
G-G1	0.7	D2-G1 직선 연결 후, 라펠 아래를 자연스럽게 곡선 연결.

3 roll 2 (스트라파타) 자켓 너치드 카라

E.Hoo Atelier 105

남성복 더블 브레스티드 자켓

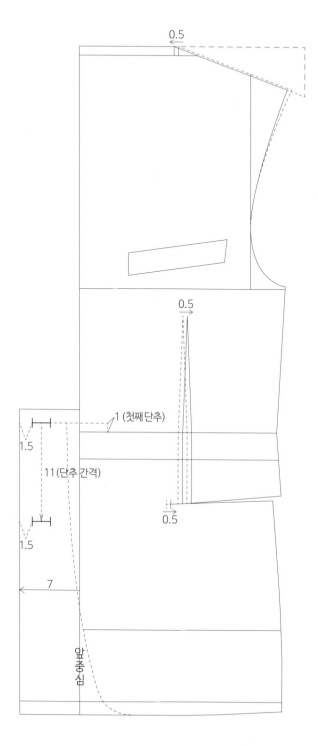

2버튼 자켓 패턴을 활용한다.
앞목 입체량을 0.5cm 줄인다. 어깨 각도는 그대로 유지한다.
가슴 다트를 와끼쪽으로 0.5cm 옮긴다.

더블 브레스티드 자켓

E.Hoo Atelier 106

남성복 더블 브레스티드 자켓

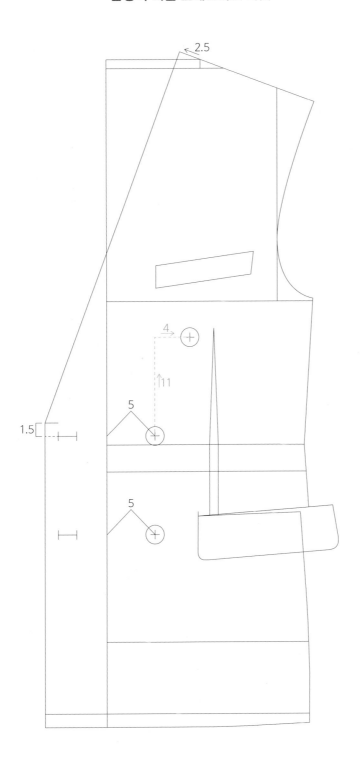

소매는 2버튼 자켓 소매 패턴을 활용한다.

더블 브레스티드 자켓

E.Hoo Atelier 107

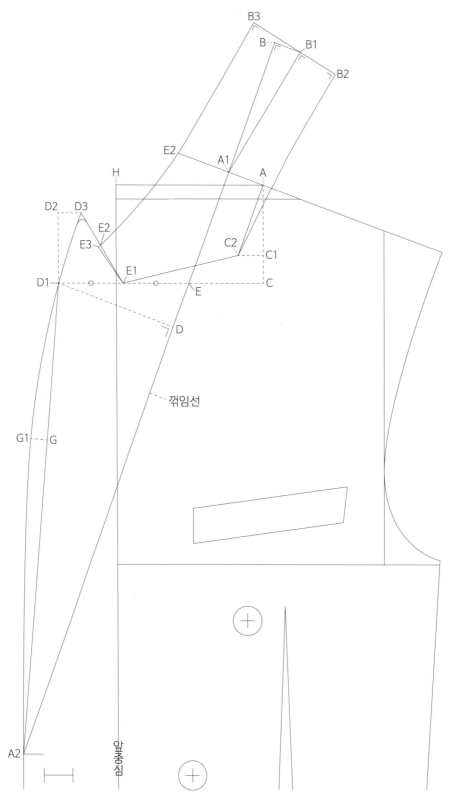

피크드 카라(갱에리)

남성복 더블 브레스티드 자켓

H-A	10.7	8.7cm + 2cm
A-A1	2.5	
A2-A1	직선 연결	(A2-A1) 을 B 까지 연장한다.
A1-B	9.8	뒷목 길이 + 0.5cm
B-B1	2	
A1-B1	직선 연결	(A1-B1) 의 직각선을 그린다.
B1-B2	3	
B1-B3	4	
A-C	7	A에서 7cm 내린다.
C-C1	2	C1에서 가로로 수평선을 그린다.
C2	C1에서 가로로 그린 수평선과 (A1-A2) 의 평행선이 만나는 점	
D-D1	9	라펠 크기
D1	C에서 가로로 그린 수평선과 (A1-A2) 의 수직선이 만나는 점	
E1	(D1-E) 의 중간 점	E1과 C2 직선 연결
D1-D2	5	
D2-D3	1.7	D3와 E1 직선 연결
D3-E2	2.7	라펠 끝을 부드럽게 굴려줄 수 있다.
E2-E3	0.2	카라 겹침 여유
A1-E2	3.8	자연스럽게 카라를 그린다.
D1-G	11.2	D1, A2를 직선으로 연결 후, 1/3 지점인 G를 표시.
G-G1	1.2	A2-G1-D1-D3 부드럽게 곡선으로 연결

남성복 1버튼 자켓

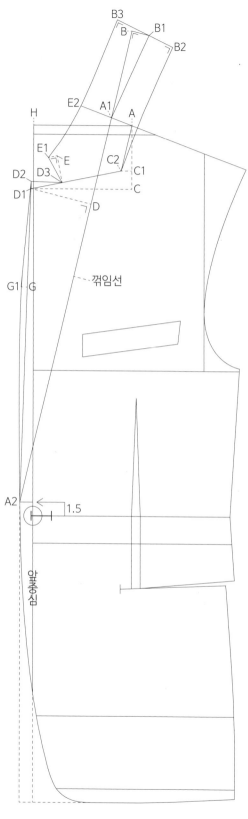

꺾임선

1.5

앞중심

1버튼 자켓 너치드 카라

E.Hoo Atelier 110

남성복 1버튼 자켓

H–A	11.2	8.7cm + 2.5cm = 11.2cm
A–A1	2.5	
A2–A1	직선 연결	(A2–A1) 을 B 까지 연장한다.
A1–B	9.6	뒷목 길이 + 0.3cm
B–B1	2	
A1–B1	직선 연결	(A1–B1) 의 직각선을 그린다.
B1–B2	3	
B1–B3	4	
A–C	7	A에서 7cm 내린다.
C–C1	2	C1에서 가로로 수평선을 그린다.
C2	C1에서 가로로 그린 수평선과 (A1–A2) 의 평행선이 만나는 점	
D–D1	7	라펠 크기
D1	C에서 가로로 그린 수평선과 (A1–A2) 의 수직선이 만나는 점	
D1–D2	0.8	D1에서 0.8cm 올라간다.
D2–D3	3.5	(D1–C2) 선에 닿게 (D2–D3) 을 그린다.
D3–E	3	(D3–C2) 에 수직으로 3cm 를 올라간다.
E–E1	1	(D3–E) 에 수직으로 1cm 를 나간다.
A1–E2	3.8	자연스럽게 카라를 그린다.
D2–G	11.1	D2, A2를 직선으로 연결 후, 1/3 지점인 G를 표시.
G–G1	0.5	D2–G1 직선 연결 후, 라펠 아래를 자연스럽게 곡선 연결.

소매는 2버튼 자켓 소매 패턴을 활용한다.

남성복 2버튼 코트

기준 사이즈	남성복 2버튼 코트						
(가슴둘레/2)	42	44	46	48	50	52	54
가슴 둘레	99	103	107	111	115	119	123
어깨 너비	41.5	43	44.5	46	47.5	49	50.5
기장	104.5	106	107.5	109	110.5	112	113.5
소매통	37.5	38.5	39.5	40.5	41.5	42.5	43.5
소매기장	65	65.5	66	66.5	67	67.5	68

※ 기장은 뒷목점을 기준으로 밑단까지 잰 길이입니다.
※ 가슴둘레 여유량에 따라 핏감이 달라질 수 있습니다.

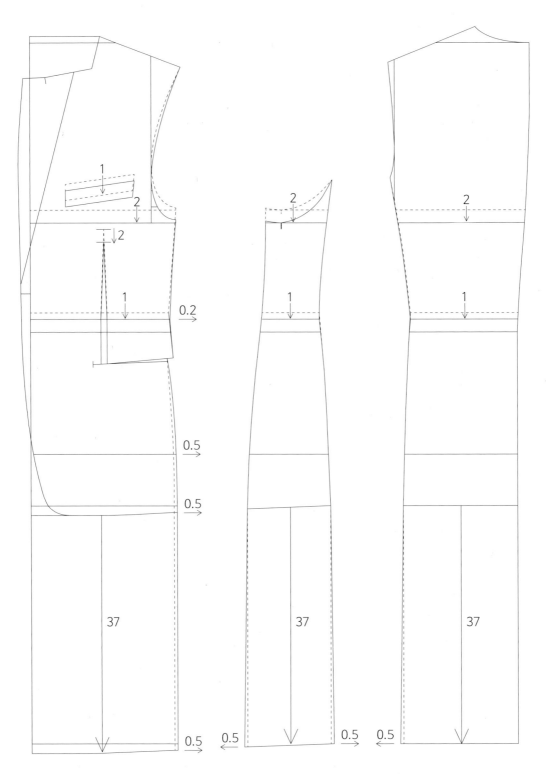

2버튼 자켓 패턴을 활용한다.
투버튼 자켓 밑단에서 직선을 내려 기장을 연장하고 밑단에서 0.5 씩 벌려 원래 자켓 밑단선과 직선으로 연결한다.
가슴선, 허리선, 학고 주머니, 다트 높이를 내려준다.

남성복 2버튼 코트

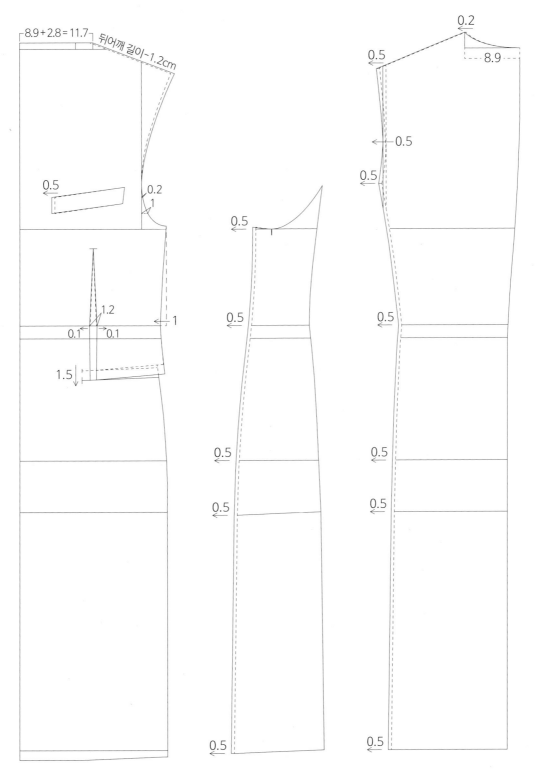

목 넓이를 넓힌다. 어깨, 뒷가슴, 뒤품값, 사이바 넓이, 학고 크기를 0.5cm 씩 넓힌다.
뒤판 어깨 이세 1.2cm 준다.
주머니 높이를 1.5cm 내린다. 앞판 가슴 다트를 키우고 옆선을 1cm 들인다.

남성복 2버튼 코트

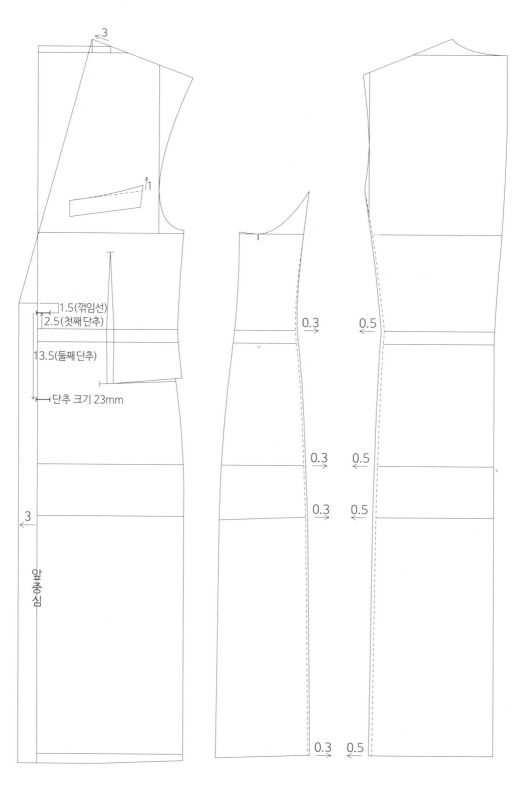

1.5(꺾임선)
2.5(첫째 단추)

13.5(둘째 단추)

단추 크기 23mm

3

앞중심

0.3   0.5

0.3   0.5

0.3   0.5

0.3   0.5

뒤판 허리~밑단 0.5cm, 사이바 허리~밑단을 0.3cm 넓힌다.
앞판 단작 두께 3cm. 앞판 단추 위치를 표시하고 꺾임선을 그린다.
학고 끝을 1cm 키워 '라 바르카' 모양으로 디자인한다.

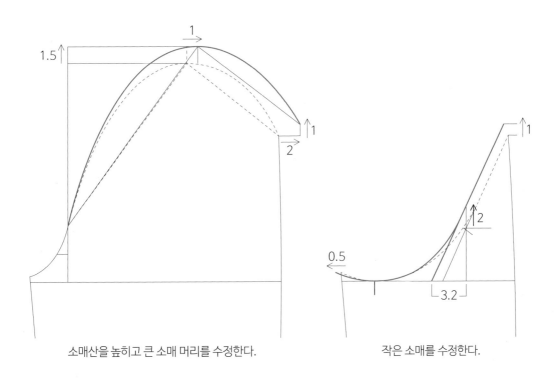

소매산을 높이고 큰 소매 머리를 수정한다.   작은 소매를 수정한다.

2버튼 자켓 소매 패턴을 활용한다.

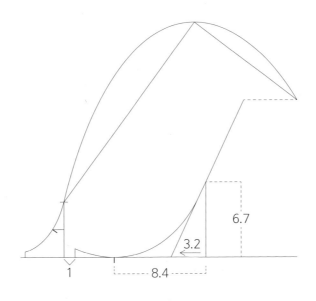

큰소매 안에 작은 소매를 위치시킨다.

2버튼 자켓 소매 패턴을 활용하여 코트 소매를 제도하는 방법

남성복 2버튼 코트

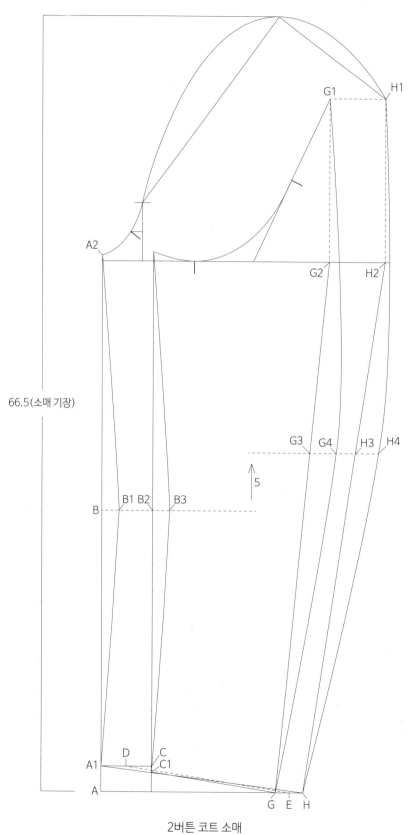

66.5(소매 기장)

2버튼 코트 소매

E.Hoo Atelier 120

A-A1	2.2	
B	A1-A2 중간 점	
B-B1	1.5	
B2-B3	1.5	
D	A1-C 중간 점	
C-C1	0.5	작은 소매 인심을 0.5cm 내린다
D-E	14.5	(소매 부리 29cm) / 2 = 14.5
E-G	1.2	(G1-H1 길이) / 4 = 1 ~ 1.3
E-H	1.2	(G1-H1 길이) / 4 = 1 ~ 1.3
G2	G1 에서 수직으로 내려온 점	
H2	H1 에서 수직으로 내려온 점	
G-G2	직선 연결	
G3-G4	2.3	작은 소매 아웃심 자연스럽게 연결
H-H2	직선 연결	
H3-H4	2	큰 소매 아웃심 자연스럽게 연결
A1-H	직선 연결	큰 소매 밑단 연결
C1-G	직선 연결	작은 소매 밑단 연결

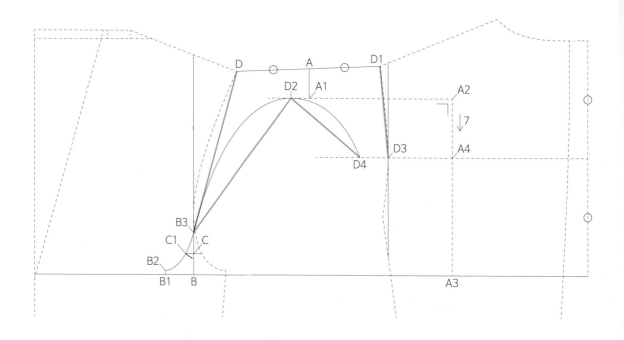

A	양 어깨를 이은 선의 중간 점	
A-A1	3.5	A1에서 가로로 수평선을 그려준다
B-B1	3.5	
B1-B2	0.5	
B-C	2.5	
C-C1	1	C1에 너치 표시
B-B3	5	
B3-D2	B3-D 직선 길이 만큼 A1에서 가로로 그린 수평선에 닿게 그린 직선	
A2-A4	7	A2-A3 의 1/3
D3	A4에서 가로로 그린 수평선과 뒤품선이 만나는 점	
D2-D4	D3-D1 직선 길이 만큼 D2에서 시작하여 A4-D3 수평선에 닿는 직선	
B2-C1-B3-D2-D4	큰 소매 자연스럽게 연결	

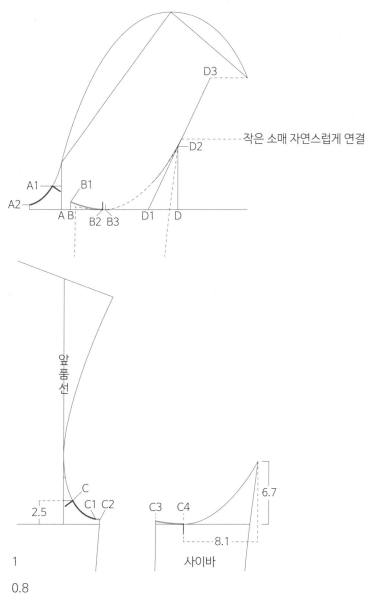

작은 소매 자연스럽게 연결

A-B	1	
B-B1	0.8	
A1-A2	C-C1	A1-A2 길이 만큼 C-C1 길이 체크
B1-B2	(C1-C2) 길이 + (C3-C4) 길이 + 0.1cm(이세량)	
B2	와끼 너치	
B2-B3	0.3	B3에 C4 너치를 위치시키고 사이바 암홀선을 복사한다.
B2-D	8.4	8.1cm + 0.3cm(이세량)
D-D2	6.7	
D-D1	3.2	D1 과 D2를 직선으로 연결하며 D3까지 연장

작은 소매 자연스럽게 연결

2버튼 코트 몸판 패턴을 활용하여 소매를 제도하는 방법

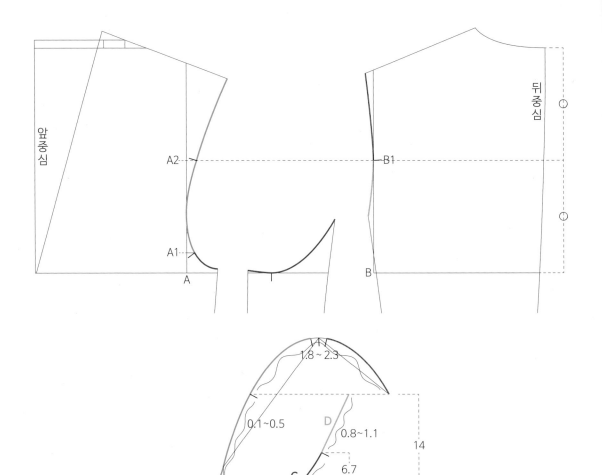

암홀 소매 너치	
A-A1	2.5
A-A2	14
B-B1	14
C 구간과 D 구간 이세의 총량은 1cm ~ 1.3cm 정도 부여한다.	

몸판과 소매의 올을 맞추어 너치를 분배해 줄 수 있다. (체크 원단)
디자인과 원단에 따라 이세량을 조절해 줄 수 있다.
곡선의 모양에 따라 이세량이 달라질 수 있다.
원단이나 봉제 여건에 따라 부분적으로만 체크를 맞출 수도 있다. (ex. D 구간 체크 포기)

무지 원단, 올을 맞출 필요가 없는 경우엔 상의 원형 두장 소매처럼 너치를 맞출 수 있다.

코트 두장 소매 너치

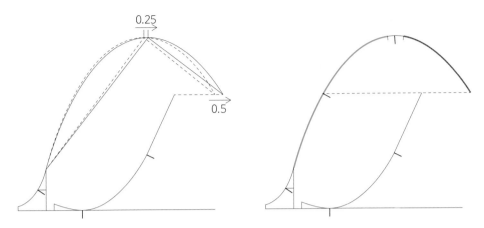

큰 소매를 옆으로 늘려서 머리 이세량을 확보해 줄 수 있다.

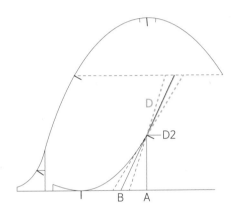

A-B 값을 조정해주며 D 구간의 이세량을 조절해줄 수 있다.

코트 두장 소매 이세량 조절

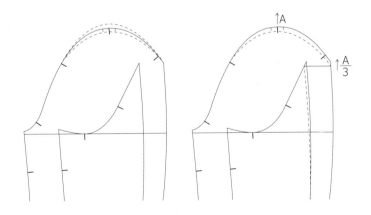

무지 원단, 올을 맞출 필요가 없는 경우엔 상의 원형 두장 소매처럼 소매 길이를 조절해 줄 수 있다.

남성복 2버튼 코트

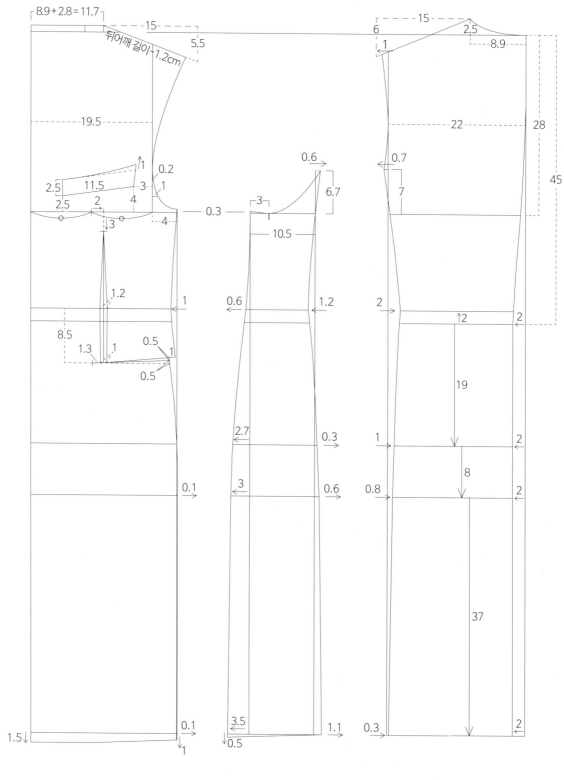

남성복 코트를 한번에 제도할 수 있다.

남성복 코트

E.Hoo Atelier 126

남성복 2버튼 코트

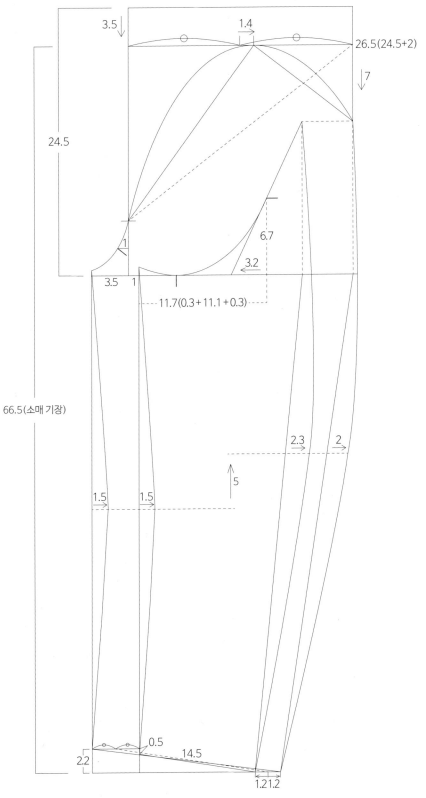

남성복 코트 두장 소매를 한번에 제도할 수 있다.

남성복 코트 두장 소매

E.Hoo Atelier 127

남성복 2버튼 코트

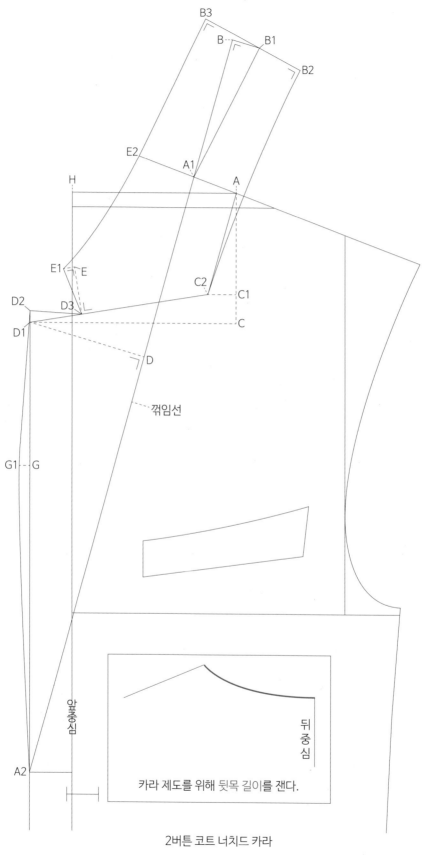

꺾임선

앞품중심

뒤중심

카라 제도를 위해 뒷목 길이를 잰다.

2버튼 코트 너치드 카라

E.Hoo Atelier 128

H-A	11.7	8.9cm + 2.8cm
A-A1	3	
A2-A1	직선 연결	(A2-A1) 을 B 까지 연장한다.
A1-B	9.8	뒷목 길이 + 0.3cm
B-B1	2	
A1-B1	직선 연결	(A1-B1) 의 직각선을 그린다.
B1-B2	3.3	
B1-B3	4.3	
A-C	9	A에서 9cm 내린다.
C-C1	2	C1에서 가로로 수평선을 그린다.
C2	C1에서 가로로 그린 수평선과 (A1-A2) 의 평행선이 만나는 점	
D-D1	8.5	라펠 크기. D1과 C2 직선 연결
D1	C에서 가로로 그린 수평선과 (A1-A2) 의 수직선이 만나는 점	
D1-D2	0.8	D1에서 0.8cm 올라간다.
D2-D3	3.7	(D1-C2) 선에 닿게 (D2-D3) 을 그린다.
D3-E	3.3	(D3-C2) 에 수직으로 3.3cm 를 올라간다.
E-E1	0.8	(D3-E) 에 수직으로 0.8cm 를 나간다.
A1-E2	4.1	자연스럽게 카라를 그린다.
D2-G	10.6	D2, A2를 직선으로 연결 후, 1/3 지점인 G를 표시.
G-G1	0.8	D2-G1 직선 연결 후, 라펠 아래를 자연스럽게 곡선 연결.

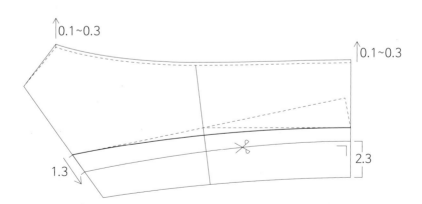

우아에리 제작시, 지에리를 활용하여 우아에리 넘김분 0.1 ~ 0.3cm 여유를 주고 밴드 선을 그린다.
우아에리 넘김분 분량은 원단 두께에 따라 달라질 수 있다.

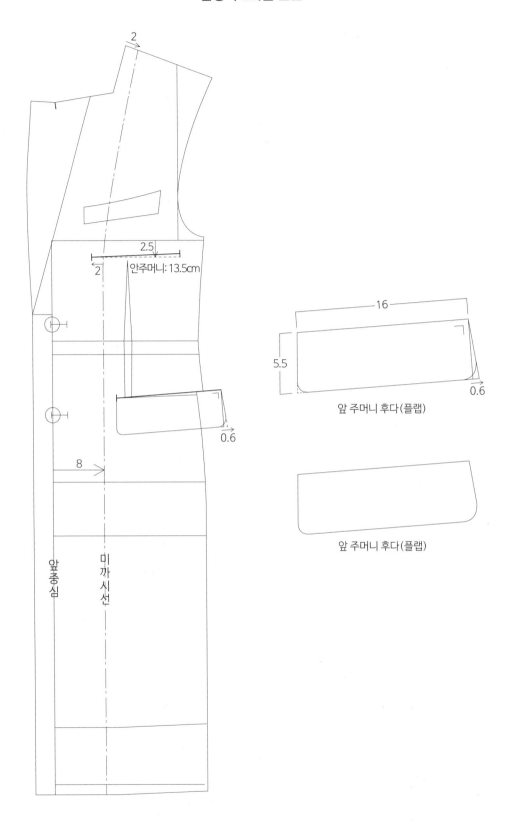

안주머니: 13.5cm

앞 주머니 후다(플랩)

앞 주머니 후다(플랩)

앞 중심

미까시선

2버튼 코트 미까시 및 주머니

E.Hoo Atelier 130

남성복 2버튼 코트

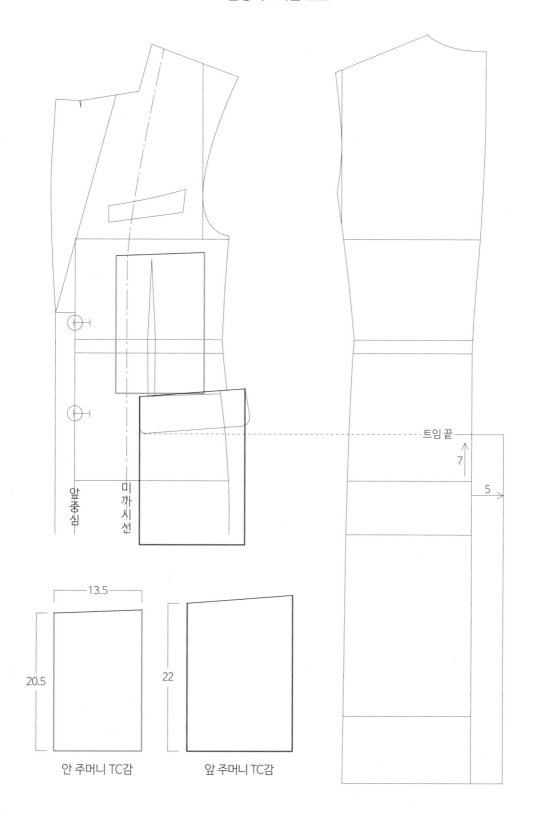

트임 끝

7

5

앞총심

미까시선

13.5

20.5

안 주머니 TC감

22

앞 주머니 TC감

부속 및 뒤트임

E.Hoo Atelier 131

남성복 2버튼 코트

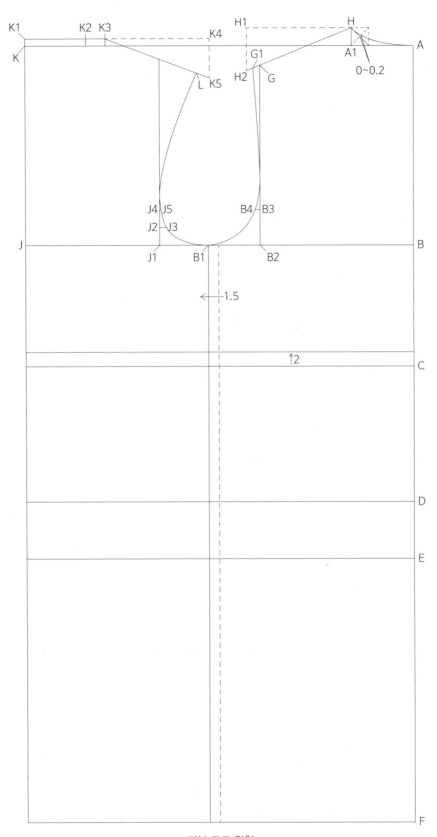

기본 코트 원형

남성복 2버튼 코트

A-B	28	
A-C	45	
C-D	19	
D-E	8	
E-F	37	
B-B1	29.5	뒤판 가슴 값(28) + 1.5
B-B2	22	뒤품 값
A-A1	8.9	
A1-H	2.5	
H-H1	15	
H1-H2	6	뒤판 어깨 각도
H-H2	직선 연결	
G-G1	1	
B2-B3	5	
B3-B4	0.7	
B1-J	26.5	앞판 가슴 값(28) - 1.5
J-J1	19.5	앞품 값
K-K1	1	
K1-K2	8.9	
K2-K3	2.8	입체량
K3-K4	15	
K4-K5	5.5	앞판 어깨 각도
K3-L	14	H-G1 (뒤판 어깨 길이) - 1.2cm
J1-J2	2.5	
J2-J3	1	
J1-J4	5	
J4-J5	0.2	

기본 코트 원형을 활용하여 자유롭게 디자인할 수 있다.
박스 코트 원형으로 사용할 수 있다.

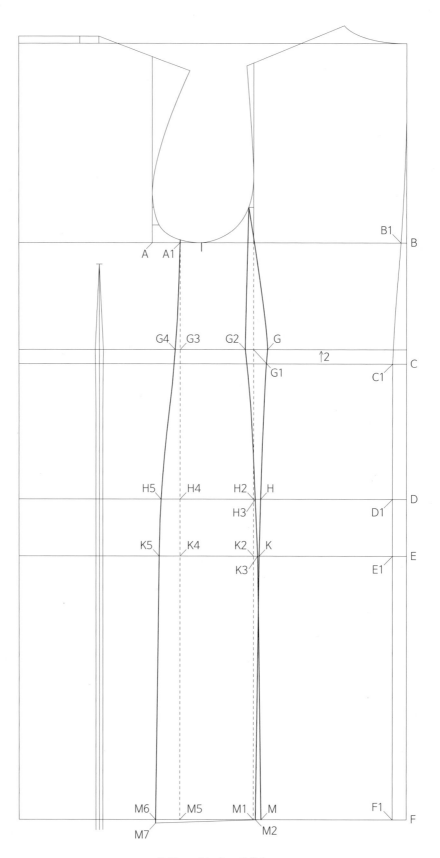

남성복 2버튼 코트

A-A1	4	앞품선에서 4cm 이동 후 수직선을 내려그린다.	
A1에서 수직선을 내려 그린다.		G3, H4, K4, M5 생성	
뒤품선을 연장하여 내려 그린다.		G1, H2, K2, M1 생성	
B-B1	0.5	선을 부드럽게 그리기 위해 B-B1 값은 변동될 수 있다.	
C-C1	2	뒤중심을 자연스럽게 곡선으로 그려준다	
D-D1, E-E1, F-F1	2		
G1-G	2		
H2-H	1		
K2-K	0.8		
M1-M2	0.3	G - H - K - M2 연결	
G1-G2	1.2		
H2-H3	0.3		
K2-K3	0.6		
M1-M	1.1	G2 - H3 - K3 - M 연결	
G3-G4	0.6		
H4-H5	2.7		
K4-K5	3		
M5-M6	3.5		
M6-M7	0.5	A1 - G4 - H5 - K5 - M7 연결	

원하는 핏에 따라 수치 등을 변형하여 사용할 수 있다.
사이바 선이나 다트 등을 잡지 않고 디자인을 적용할 수 있다.
기본 코트 원형을 활용하여 자유롭게 디자인을 녹일 수 있다.

기준 사이즈	남성복 3버튼 코트						
(가슴둘레/2)	42	44	46	48	50	52	54
가슴 둘레	99	103	107	111	115	119	123
어깨 너비	41.5	43	44.5	46	47.5	49	50.5
기장	104.5	106	107.5	109	110.5	112	113.5
소매통	37.5	38.5	39.5	40.5	41.5	42.5	43.5
소매기장	65	65.5	66	66.5	67	67.5	68

※ 기장은 뒷목점을 기준으로 밑단까지 잰 길이입니다.
※ 가슴둘레 여유량에 따라 핏감이 달라질 수 있습니다.

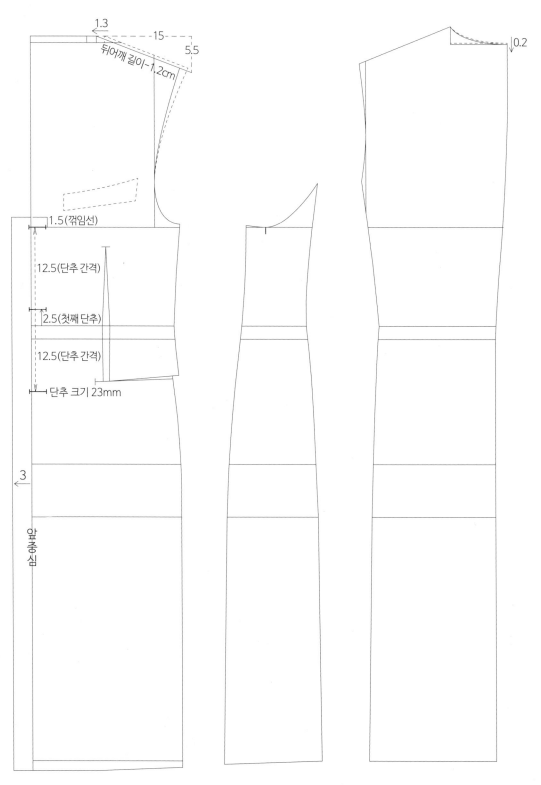

2버튼 코트 패턴을 활용한다.
뒷목을 0.2cm 내린다.
앞목 입체량을 1.3cm 줄인다. 어깨 각도는 유지한다.

남성복 3버튼 코트

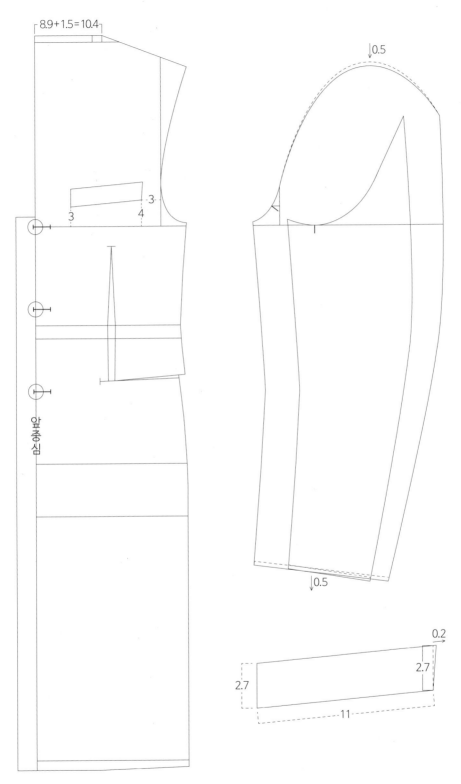

8.9+1.5=10.4

0.5

3
3   4

↓0.5

앞중심

0.2

2.7
2.7

11

2버튼 코트 소매 패턴을 활용한다.
앞판 암홀 길이가 조금 짧아졌으므로, 소매산 머리를 조금 내려준다.

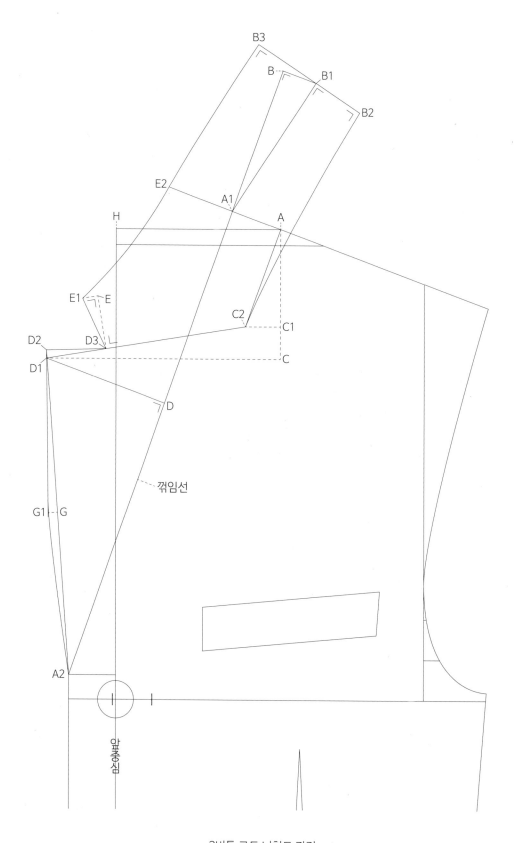

꺾임선

앞중심

3버튼 코트 너치드 카라

H-A	11.7	8.9cm + 1.5cm = 10.4cm
A-A1	3	
A2-A1	직선 연결	(A2-A1) 을 B 까지 연장한다.
A1-B	10	뒷목 길이 + 0.5cm
B-B1	2.2	
A1-B1	직선 연결	(A1-B1) 의 직각선을 그린다.
B1-B2	3.3	
B1-B3	4.3	
A-C	8	A에서 8cm 내린다.
C-C1	2	C1에서 가로로 수평선을 그린다.
C2	C1에서 가로로 그린 수평선과 (A1-A2) 의 평행선이 만나는 점	
D-D1	8	라펠 크기. D1과 C2 직선 연결
D1	C에서 가로로 그린 수평선과 (A1-A2) 의 수직선이 만나는 점	
D1-D2	0.5	D1에서 0.5cm 올라간다.
D2-D3	3.8	(D1-C2) 선에 닿게 (D2-D3) 을 그린다.
D3-E	3.3	(D3-C2) 에 수직으로 3.3cm 를 올라간다.
E-E1	1	(D3-E) 에 수직으로 1cm 를 나간다.
A1-E2	4.2	자연스럽게 카라를 그린다.
D2-G	10	D2, A2를 직선으로 연결 후, 1/2 지점인 G를 표시.
G-G1	0.6	D2-G1 직선 연결 후, 라펠 아래를 자연스럽게 곡선 연결.

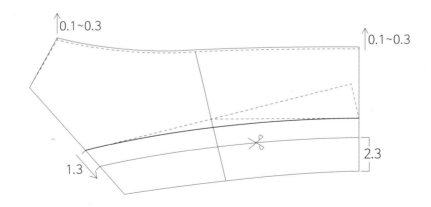

우아에리 제작시, 지에리를 활용하여 우아에리 넘김분 0.1 ~ 0.3cm 여유를 주고 밴드 선을 그린다.
우아에리 넘김분 분량은 원단 두께에 따라 달라질 수 있다.

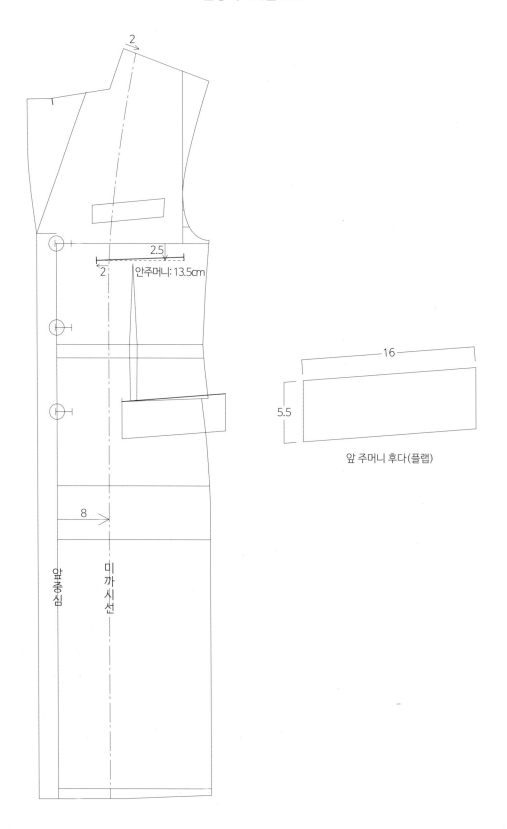

앞 주머니 후다(플랩)

3버튼 코트 미까시 및 주머니

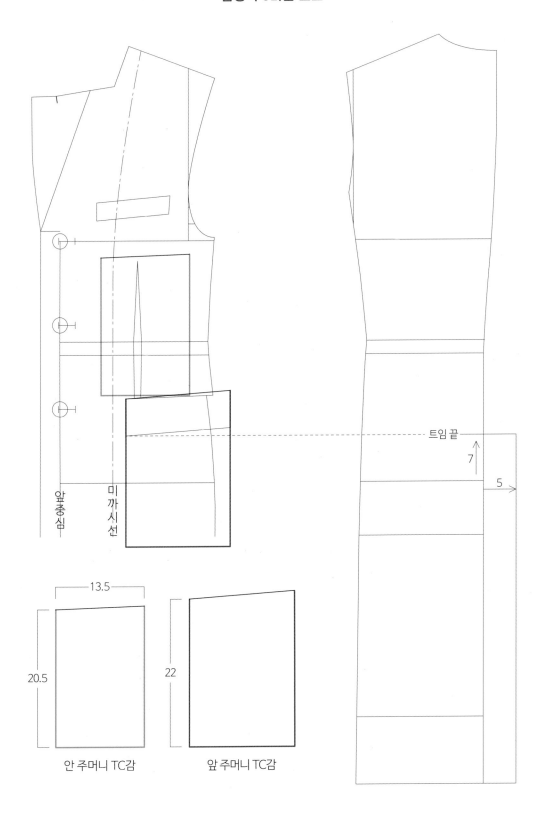

앞총심

미까시선

트임끝

7

5

13.5

20.5

22

안 주머니 TC감

앞 주머니 TC감

남성복 더블 브레스티드 코트

기준 사이즈	남성복 더블 브레스티드 코트						
(가슴둘레/2)	42	44	46	48	50	52	54
가슴 둘레	99	103	107	111	115	119	123
어깨 너비	41.5	43	44.5	46	47.5	49	50.5
기장	104.5	106	107.5	109	110.5	112	113.5
소매통	37.5	38.5	39.5	40.5	41.5	42.5	43.5
소매기장	65	65.5	66	66.5	67	67.5	68

※ 기장은 뒷목점을 기준으로 밑단까지 잰 길이입니다.
※ 가슴둘레 여유량에 따라 핏감이 달라질 수 있습니다.

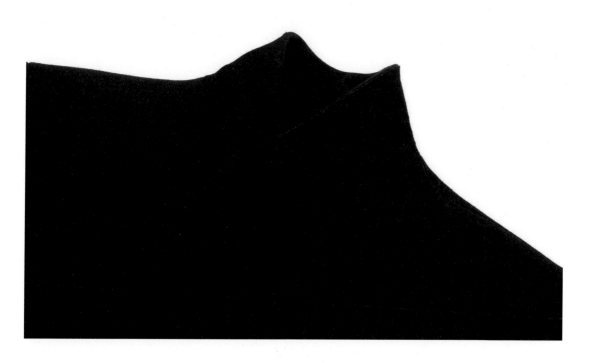

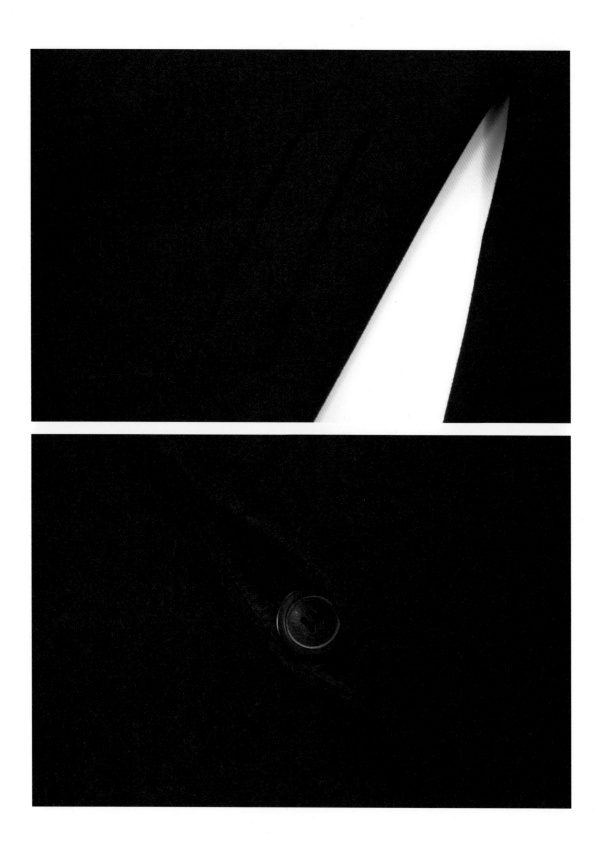

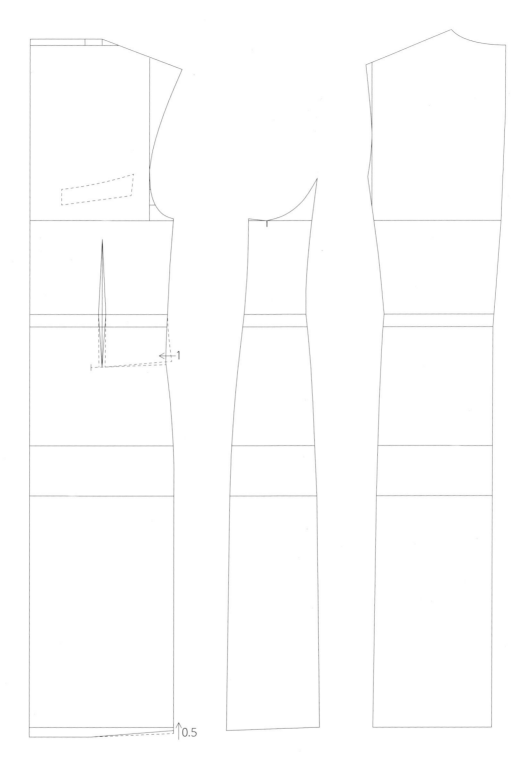

2버튼 코트 패턴을 활용한다.

앞판의 배쿠세에 닿는 가슴 다트 아래 1cm 를 없앤다. 따라서 앞판의 옆선도 1cm 들어온다.

앞판의 배쿠세를 없앤다. 따라서 앞판의 사이바와 봉제되는 부분의 기장을 0.5cm 줄인다

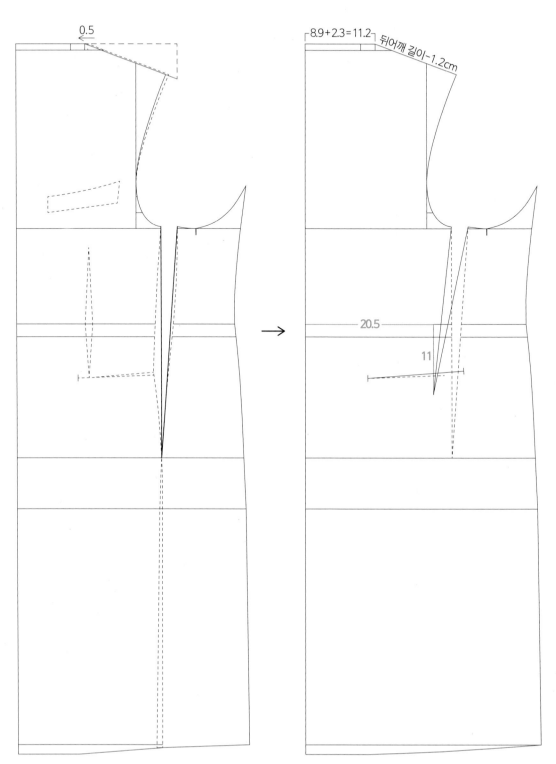

앞목 입체량을 0.5cm 줄인다. 어깨 각도는 그대로 유지한다.
앞판 힙과 사이바 힙 부분끼리 붙인다.
힙 부분끼리 붙임으로써 앞판 가슴선과 사이바 가슴선 사이의 벌어진 부분은 다트로 활용한다.

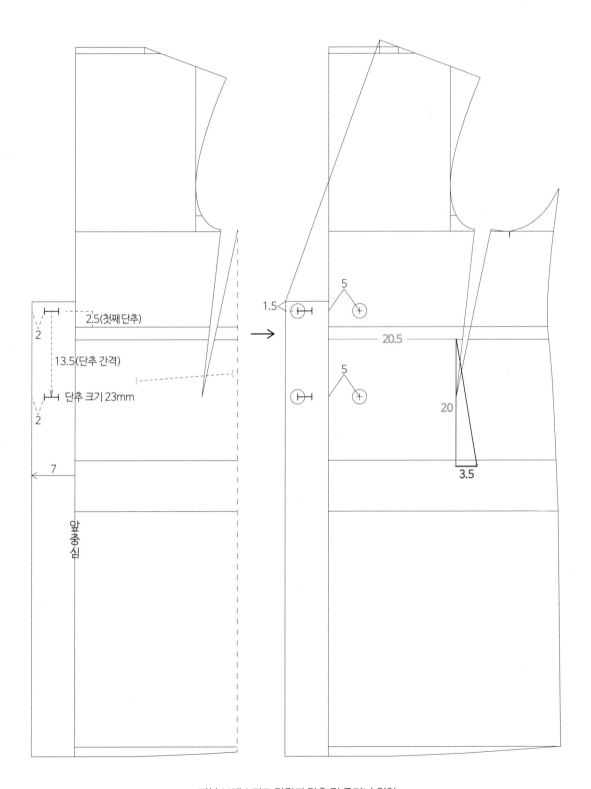

2.5(첫째단추)
2
13.5(단추 간격)
단추 크기 23mm
2
7
앞중심

1.5
5
20.5
5
20
3.5

더블 브레스티드 단작과 단추 및 주머니 위치

남성복 더블 브레스티드 코트

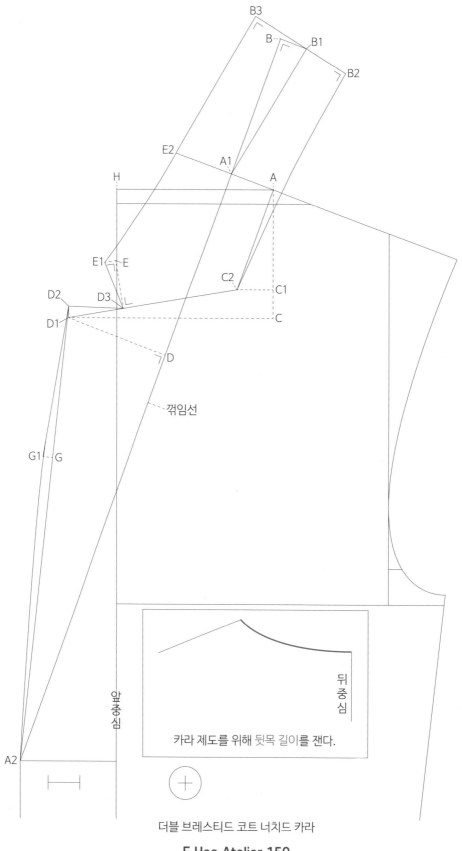

B3
B
B1
B2
E2
A1
A
H
E1
E
C2
C1
D2
D3
C
D1
D
꺾임선
G1
G
앞중심
뒤중심
카라 제도를 위해 뒷목 길이를 잰다.
A2

더블 브레스티드 코트 너치드 카라

남성복 더블 브레스티드 코트

H-A	11.2	8.9cm + 2.3cm
A-A1	3	
A2-A1	직선 연결	(A2-A1) 을 B 까지 연장한다.
A1-B	10.1	뒷목 길이 + 0.6cm
B-B1	2	
A1-B1	직선 연결	(A1-B1) 의 직각선을 그린다.
B1-B2	3.3	
B1-B3	4.3	
A-C	9	A에서 9cm 내린다.
C-C1	2	C1에서 가로로 수평선을 그린다.
C2	C1에서 가로로 그린 수평선과 (A1-A2) 의 평행선이 만나는 점	
D-D1	7.5	라펠 크기. D1과 C2 직선 연결
D1	C에서 가로로 그린 수평선과 (A1-A2) 의 수직선이 만나는 점	
D1-D2	0.8	D1에서 0.8cm 올라간다.
D2-D3	4	(D1-C2) 선에 닿게 (D2-D3) 을 그린다.
D3-E	3.4	(D3-C2) 에 수직으로 3.4cm 를 올라간다.
E-E1	0.8	(D3-E) 에 수직으로 0.8cm 를 나간다.
A1-E2	4.2	자연스럽게 카라를 그린다.
D2-G	10.6	D2, A2를 직선으로 연결 후, 1/3 지점인 G를 표시.
G-G1	0.7	D2-G1 직선 연결 후, 라펠 아래를 자연스럽게 곡선 연결.

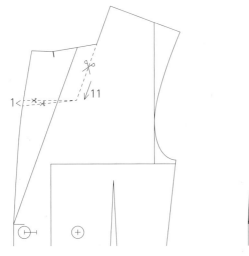 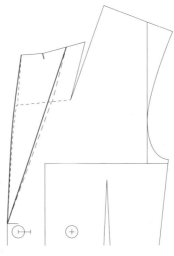

라펠이 뜨는 경우 다트 M.P 를 통하여 핏을 잡을 수 있다.

남성복 더블 브레스티드 코트

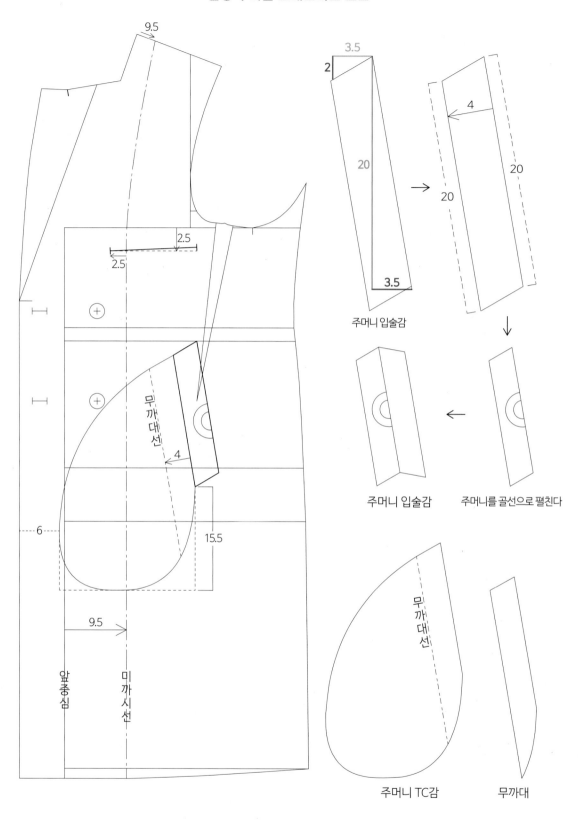

9.5

3.5

2

20

4

20

20

3.5

주머니 입술감

20

주머니 입술감

주머니를 골선으로 펼친다

2.5

2.5

무까대선

4

15.5

6

9.5

앞총심

미까시선

무까대선

주머니 TC감

무까대

미까시 및 주머니

E.Hoo Atelier 152

남성복 더블 브레스티드 코트

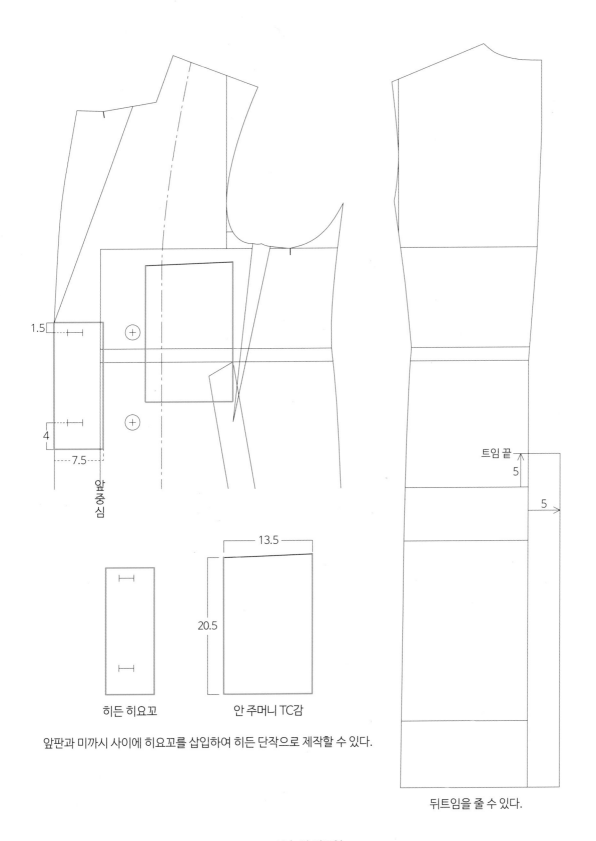

1.5

4

7.5

앞중심

13.5

20.5

히든 히요꼬

안 주머니 TC감

트임 끝

5

5

앞판과 미까시 사이에 히요꼬를 삽입하여 히든 단작으로 제작할 수 있다.

뒤트임을 줄 수 있다.

부속 및 뒤트임

E.Hoo Atelier 153

남성복 트렌치 코트

기준 사이즈	남성복 트렌치 코트						
(가슴둘레/2)	42	44	46	48	50	52	54
가슴 둘레	99	103	107	111	115	119	123
어깨 너비	41.5	43	44.5	46	47.5	49	50.5
기장	104.5	106	107.5	109	110.5	112	113.5
소매통	37.5	38.5	39.5	40.5	41.5	42.5	43.5
소매기장	65	65.5	66	66.5	67	67.5	68

※ 기장은 뒷목점을 기준으로 밑단까지 잰 길이입니다.
※ 가슴둘레 여유량에 따라 핏감이 달라질 수 있습니다.

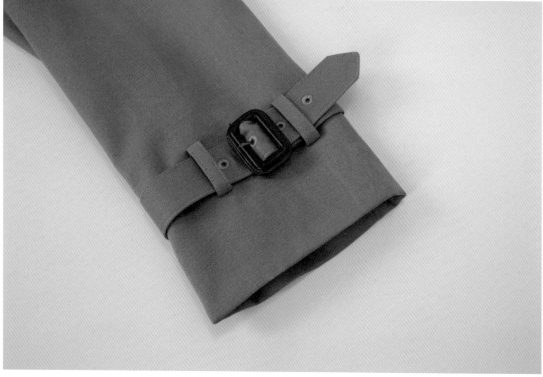

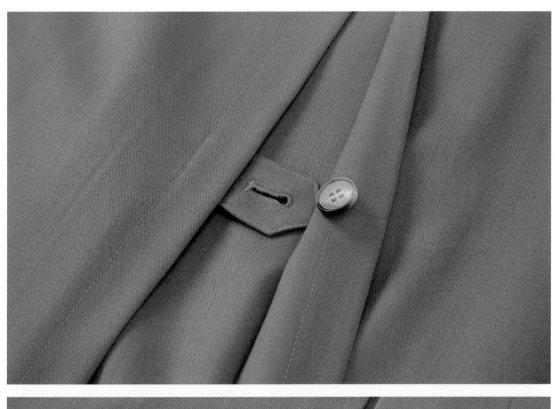

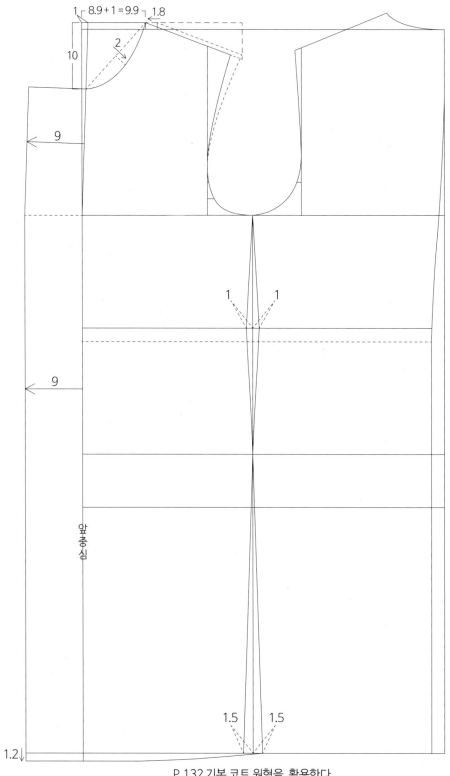

1 ┌ 8.9 + 1 = 9.9 ┐ 1.8

10

2

9

9

앞충심

1

1

1.5   1.5

1.2↓

P.132 기본 코트 원형을 활용한다.
앞목 입체량을 1.8cm 줄인다. 어깨 각도는 유지한다. 앞목에서 1cm 들어와 앞중심선을 그려준다. (입체 부여)
허리에서 1cm 들어오고, 밑단에서 1.5cm 나가 와끼선을 그린다. (힙과 밑단 직선 연결)

트렌치 코트

남성복 트렌치 코트

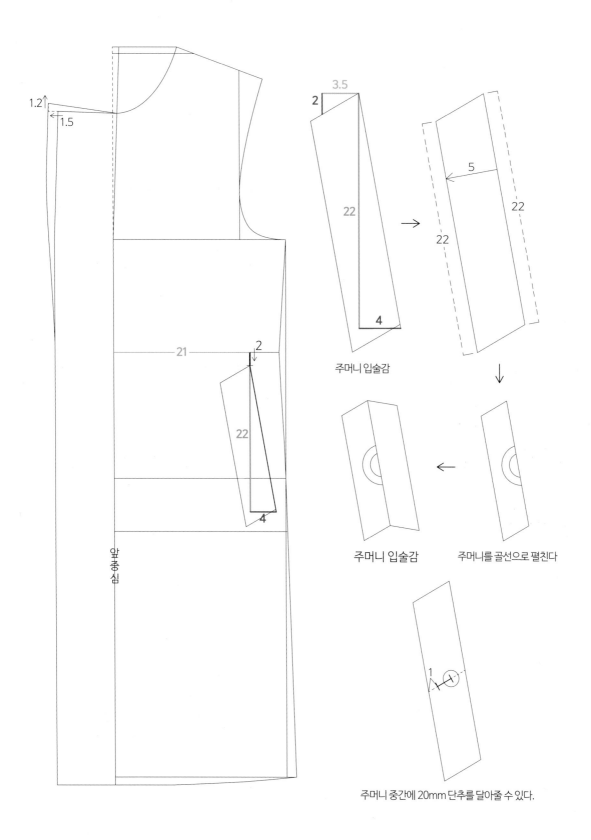

1.2

1.5

3.5

2

22

4

5

22

22

22

21

2

22

4

앞중심

주머니 입술감

주머니 입술감

주머니를 골선으로 펼친다

1

주머니 중간에 20mm 단추를 달아줄 수 있다.

트렌치 코트 단작 및 주머니

남성복 트렌치 코트

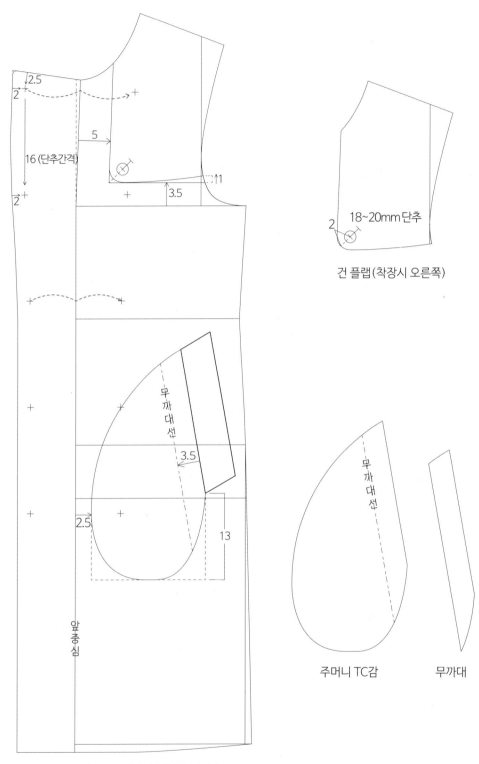

2.5
2
16 (단추간격)
5
2
3.5
11
2

18~20mm 단추
건 플랩(착장시 오른쪽)

무까대선
3.5
2.5
13

앞총심

무까대선
주머니 TC감   무까대

단작 끝에서 2cm 들어와 단추를 위치시킨다.
앞중심 기준으로 반전시켜 단추를 표시한다. (단추 크기 25 ~ 30mm)

트렌치 코트 단추, 주머니, 플랩

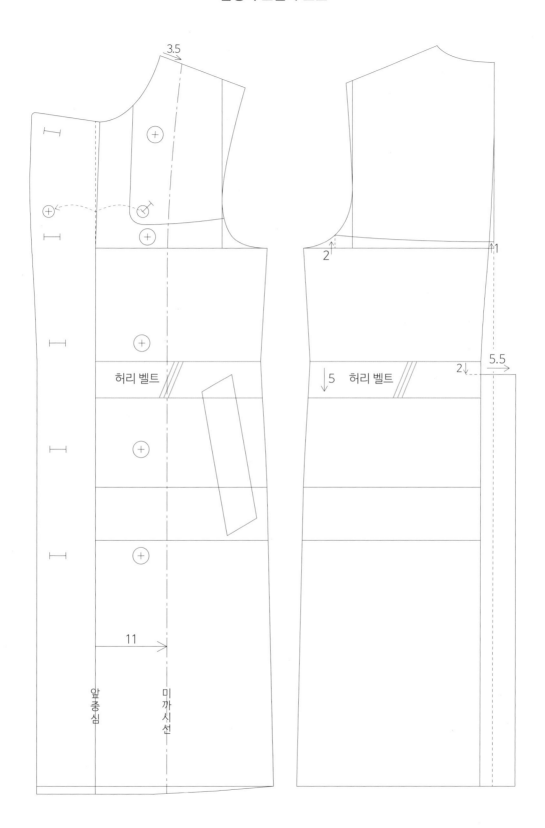

3.5

허리 벨트

허리 벨트

5

5.5

2↓

2↑ 1

11

앞 중 심

미 까 시 선

허리 벨트, 백 요크(레인 가드), 뒤트임

남성복 트렌치 코트

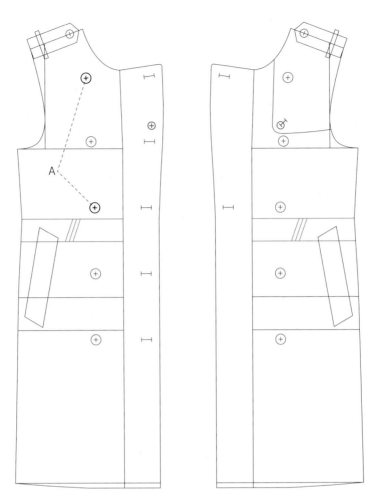

우아(위)마이 방향 (착장 시 왼쪽)   시다(밑)마이 방향 (착장 시 오른쪽)

A 위치 단추는 겉 뿐만 아니라, 안감&미까시 쪽(내부)에도 단추를 부착한다. 시다(밑)마이 방향에 모두 단추 구멍을 뚫어도 된다.

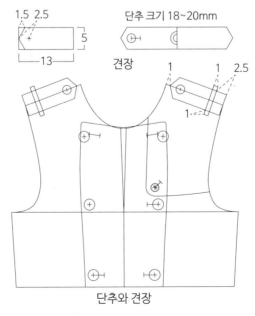

단추와 견장

남성복 트렌치 코트

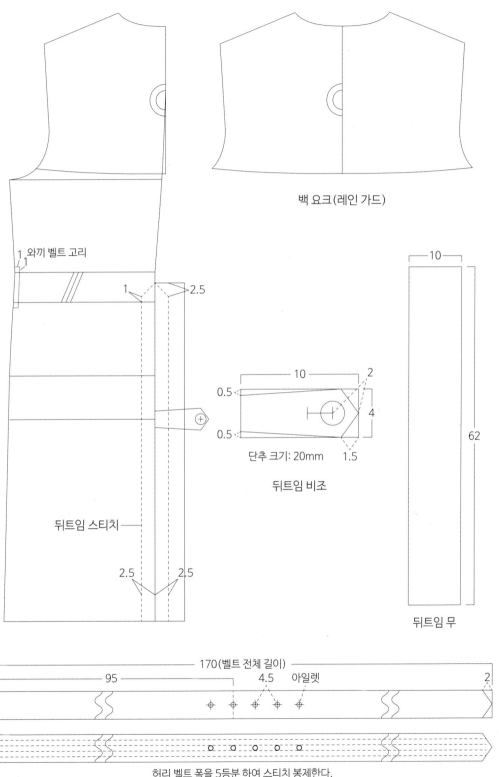

백 요크(레인 가드)

와끼 벨트 고리

뒤트임 스티치

단추 크기: 20mm

뒤트임 비조

뒤트임 무

170(벨트 전체 길이)

아일렛

허리 벨트 폭을 5등분 하여 스티치 봉제한다.

허리 벨트

뒤트임 & 비조 & 무, 백 요크, 허리 벨트

남성복 트렌치 코트

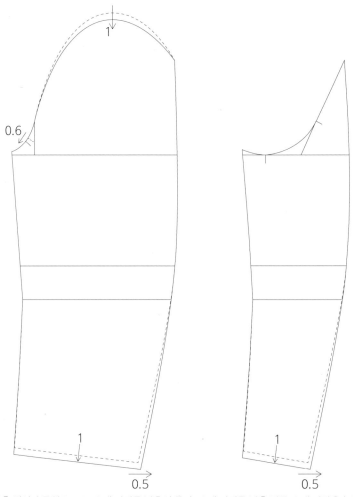

암홀 길이가 줄었으므로, 소매 머리를 낮추어 준다. 소매 머리를 낮춘 만큼 소매 기장을 늘린다.
소매 부리값을 늘려준다. 너치를 0.6 내려주어 소매를 회전시켜줄 수 있다.

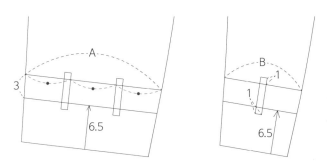

A를 3등분한 점에서 양옆으로 고리를 부착한다.　　가운데에 고리를 부착한다.

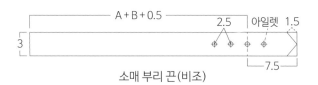

소매 부리 끈(비조)

트렌치코트 소매 스트랩(비조)

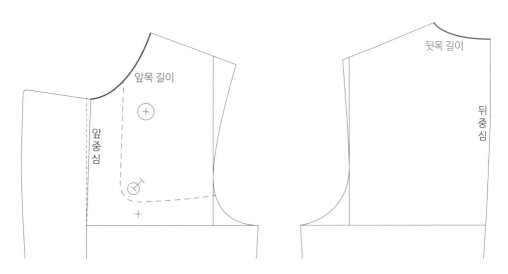

나폴레옹 카라 제도를 위해 뒷목, 앞목 길이를 잰다.

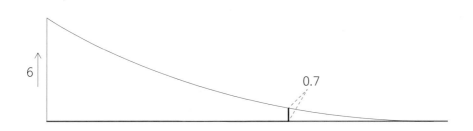

6cm, 0.7cm 각도를 주고 곡선으로 자연스럽게 카라 밑선을 그린다.

남성복 트렌치 코트

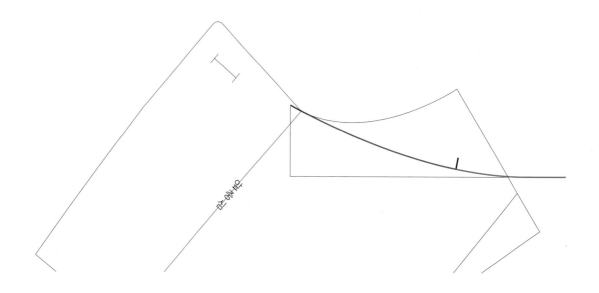

길이를 맞추어 옆목 너치를 주고 밴드 카라 밑선에 앞판을 맞추어보아 밴드 끝 각도를 잡는다.

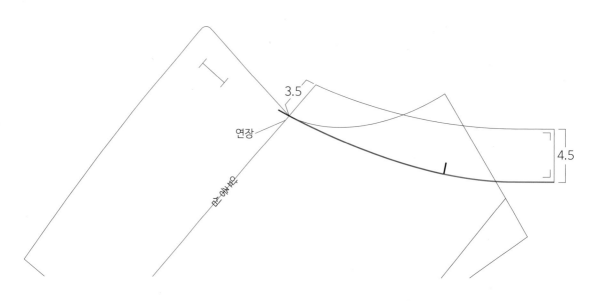

각도를 맞추고 앞중심 선을 연장하여 밴드 앞선을 그리고, 밴드 윗선을 자연스럽게 그려준다.

남성복 트렌치 코트

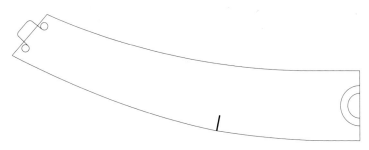

밴드 카라 앞중심에 후크를 부착한다.
밴드는 지에리 우아에리 공용으로 사용한다.

밴드 카라 완성

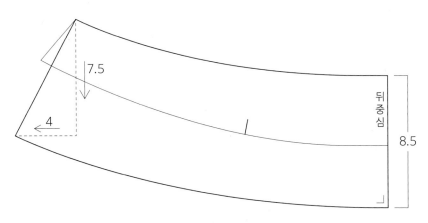

밴드 카라 선을 복사하고 그 위에 카라를 그린다.

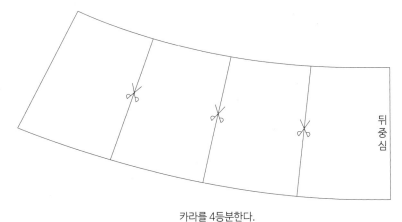

카라를 4등분한다.

카라 제작

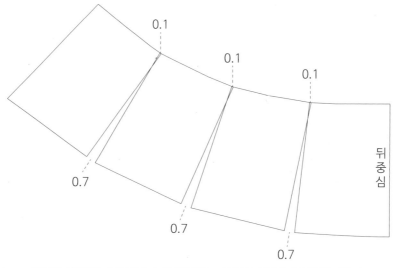

밴드와 봉제되는 부분은 0.1 씩 집어주고, 카라의 외경은 0.7씩 벌려준다.

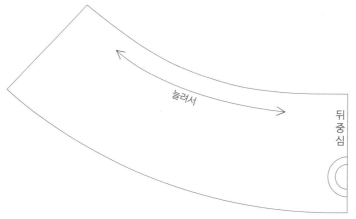

카라 내경과 외경을 부드럽게 굴려준다. 밴드와 봉제되는 부분은 0.3cm 늘려박는다.

지에리 완성

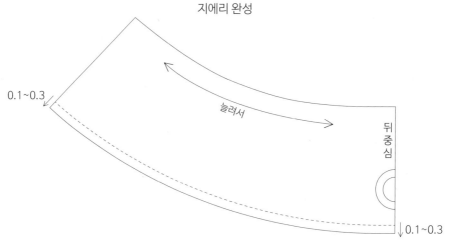

지에리를 활용하여 우아에리를 작업한다. 카라 위로 넘김분을 부여한다.

우아에리 완성

남성복 트렌치 코트

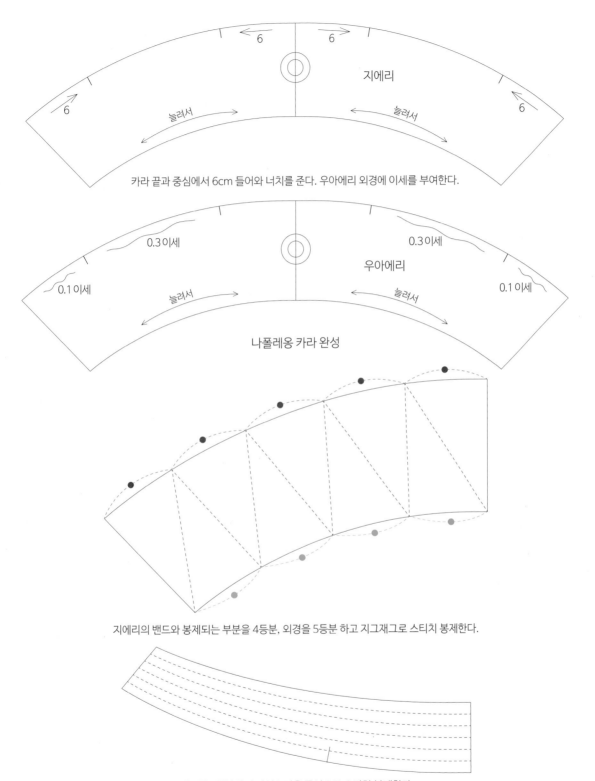

지에리

늘려서

늘려서

카라 끝과 중심에서 6cm 들어와 너치를 준다. 우아에리 외경에 이세를 부여한다.

0.3 이세

0.3 이세

우아에리

0.1 이세

늘려서

늘려서

0.1 이세

나폴레옹 카라 완성

지에리의 밴드와 봉제되는 부분을 4등분, 외경을 5등분 하고 지그재그로 스티치 봉제한다.

밴드를 6등분하여 자연스러운 곡선으로 스티치 봉제한다.

카라 위 스티치

남성복 트렌치 코트

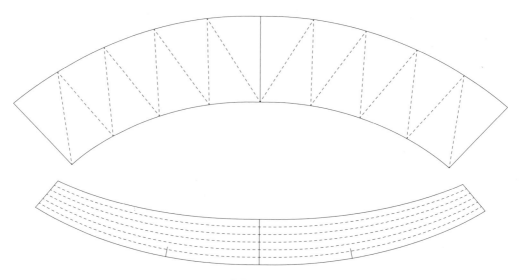

카라 위 스티치

스티치 간격 및 모양을 디자인에 따라 변경 할 수 있다.

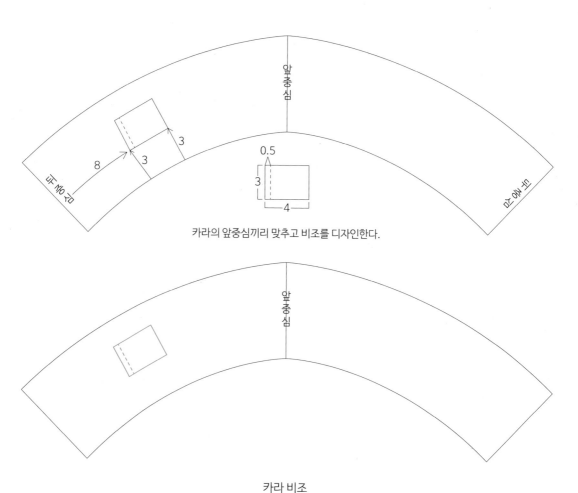

카라의 앞중심끼리 맞추고 비조를 디자인한다.

카라 비조

남성복 트렌치 코트

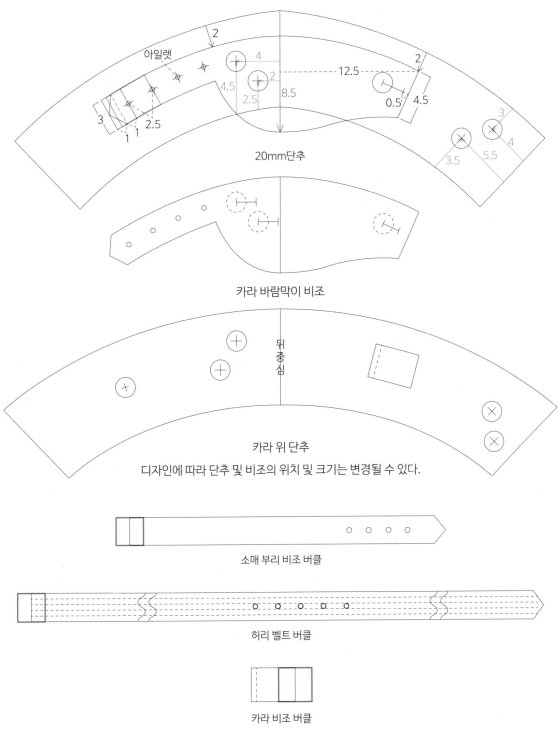

20mm단추

카라 바람막이 비조

카라 위 단추

디자인에 따라 단추 및 비조의 위치 및 크기는 변경될 수 있다.

소매 부리 비조 버클

허리 벨트 버클

카라 비조 버클

비조의 두께에 맞는 버클을 부착하여 사용한다.
버클 디자인이나 사용 방법에 따라 비조의 길이가 달라질 수 있다.

카라 단추 및 비조 버클

남성복 드롭 숄더 코트

기준 사이즈	남성복 드롭 숄더 코트						
(가슴둘레/2)	42	44	46	48	50	52	54
가슴 둘레	108	112	116	120	124	128	132
어깨 너비	53.5	55	56.5	58	59.5	61	62.5
기장	104.5	106	107.5	109	110.5	112	113.5
소매통	46	47	48	49	50	51	52
소매기장	58.5	59	59.5	60	60.5	61	61.5

※ 기장은 뒷목점을 기준으로 밑단까지 잰 길이입니다.
※ 가슴둘레 여유량에 따라 핏감이 달라질 수 있습니다.

남성복 드롭 숄더 코트

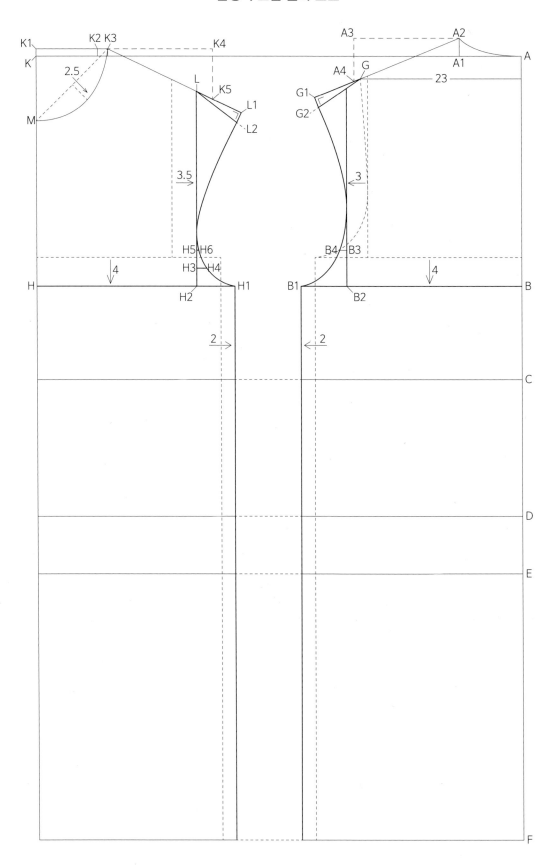

p.132 기본 코트 원형을 활용한다.

A–B	32	
A–C	45	
C–D	19	
D–E	8	
E–F	37	
B–B1	31.5	기본 코트 뒤판 가슴 값(29.5) + 2
B–B2	25	뒤품 값
A–A1	8.9	
A1–A2	2.5	
A2–A3	15	
A3–A4	6	뒤판 어깨 각도
A2–A4	직선 연결	A4에서 G1까지 직선 연장
G–G1	7	기본 코트 원형 어깨 끝에서 7cm 연장
G1–G2	1.5	G2–G 직선 연결
B2–B3	5	
B3–B4	1	
H–H1	28.5	기본 코트 앞판 가슴 값(26.5) + 2
H–H2	23	앞품 값
K–K1	1	
K1–K2	8.9	
K2–K3	1.5	입체량
K3–K4	15	
K4–K5	7	앞판 어깨 각도
K3–L	14	H–G(뒤판 어깨 길이) – 1.2cm
L–L1	7	앞판 어깨 끝에서 7cm 연장
L1–L2	1.5	L2–L 직선 연결
H2–H3	2.5	
H3–H4	1.5	
H2–H5	5	
H5–H6	0.3	
K1–M	10	

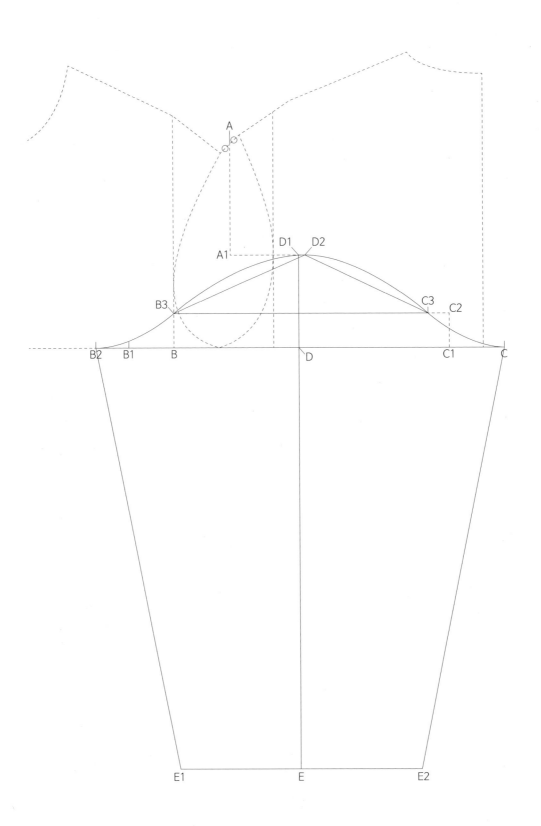

A	양 어깨를 이은 선의 중간 점	
A-A1	13	A1에서 가로로 수평선을 그려준다
B-B1	5.5	앞 겹품
B1-B2	4	
B2-C	49	소매통
D	B2-C 중간 점	소매통 중간 점
D1	D 에서 수직으로 올라간 선과 A1에서 그린 가로 수평선이 만나는 점	
D1-D2	0.75	
C-C1	6.5	뒤 겹품
C1-C2	4	
C2-C3	2.5	
B-B3	4	
B3-D2	직선 연결	소매 머리 자연스럽게 연결
C3-D2	직선 연결	소매 머리 자연스럽게 연결
D1-E	60	소매 기장
E-E1, E-E2	14.5	소매 부리 29cm

남성복 드롭 숄더 코트

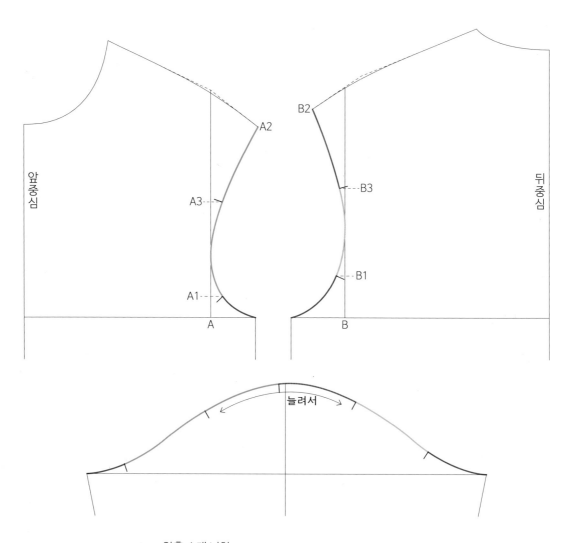

앞중심   뒤중심

암홀 소매 너치	
A-A1	2.5
A2-A3	10
B-B1	5
B2-B3	10

너치를 표시하고 암홀과 소매의 길이를 맞춘다.

소매 머리를 0.5cm ~ 1.5cm 늘려 박는다.
소매 머리를 늘려박는 양은 원단에 따라 달라질 수 있다.

소매 너치

남성복 드롭 숄더 코트

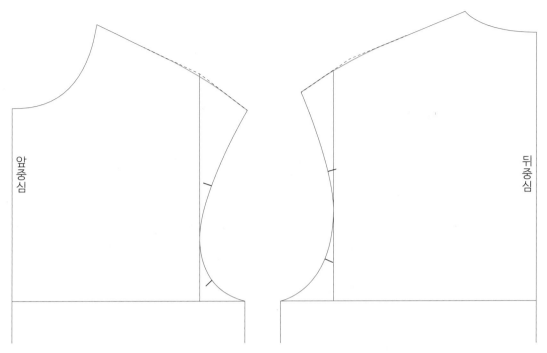

몸판 어깨를 자연스럽게 곡선으로 굴려준다.

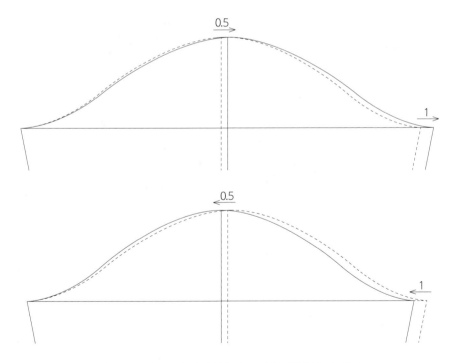

소매통을 늘리거나 줄여서 암홀과 소매 길이를 맞출 수 있다.
소매머리를 늘리는 양을 조절할 수 있다.

어깨 라인 수정 및 소매 노바시 양 조절

E.Hoo Atelier 181

남성복 오버사이즈 코트

기준 사이즈	남성복 오버사이즈 코트						
(가슴둘레/2)	42	44	46	48	50	52	54
가슴 둘레	118	122	126	130	134	138	142
어깨 너비	64	65.5	67	68.5	70	71.5	73
기장	109.5	111	112.5	114	115.5	117	118.5
소매통	50	51	52	53	54	55	56
소매기장	51.5	52	52.5	53	53.5	54	54.5

※ 기장은 뒷목점을 기준으로 밑단까지 잰 길이입니다.
※ 가슴둘레 여유량에 따라 핏감이 달라질 수 있습니다.

남성복 오버사이즈 코트

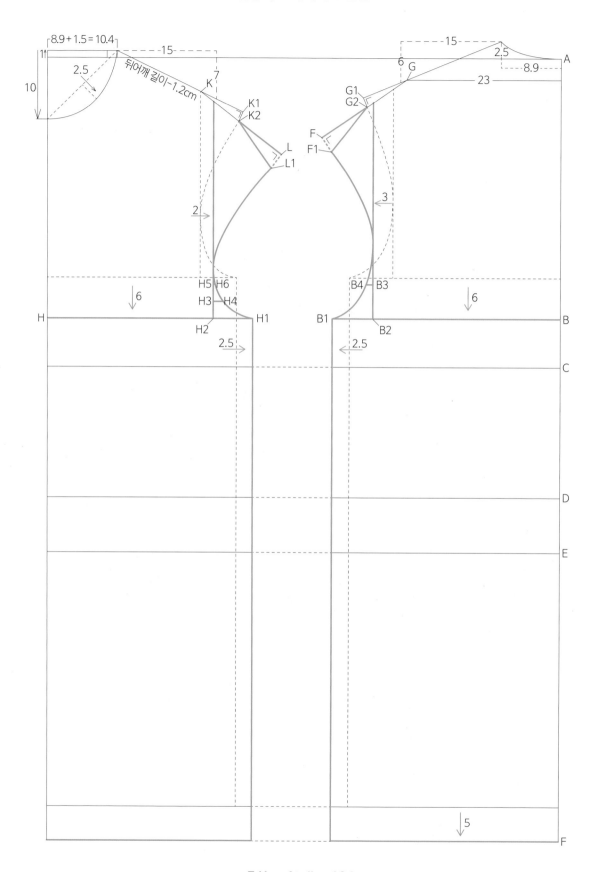

남성복 오버사이즈 코트

남성복 드롭 숄더 코트를 활용한다.

A-B	38	
A-C	45	
C-D	19	
D-E	8	
E-F	42	
B-B1	34	기본 코트 뒤판 가슴 값(29.5) + 4.5
B-B2	28	뒤품 값
G-G1	7	기본 코트 원형 어깨 끝에서 7cm 연장
G1-G2	1.5	G2-G 직선 연결
G2-F	8	G-G2 직선을 8cm 연장
F-F1	2.5	F1-G2 직선 연결
B2-B3	5	H2에서 G1까지 직선 연장
B3-B4	1	
H-H1	31	기본 코트 앞판 가슴 값(26.5) + 4.5
H-H2	25	앞품 값
K-K1	7	앞판 어깨 끝에서 7cm 연장
K1-K2	1.5	K2-K 직선 연결
K2-L	8	K-K2 직선을 8cm 연장
L-L1	2.5	L1-K2 직선 연결
H2-H3	2.5	
H3-H4	1.5	
H2-H5	5	
H5-H6	0.3	

오버사이즈 코트를 활용하여 자유롭게 디자인할 수 있다.

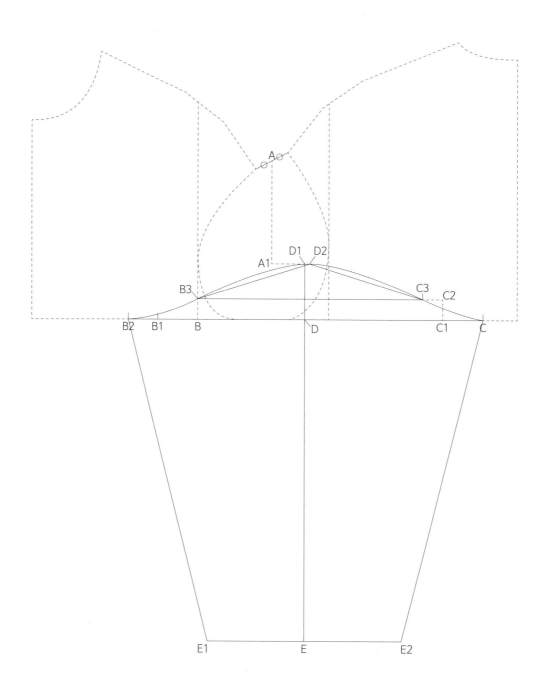

A	양 어깨를 이은 선의 중간 점	
A-A1	15	A1에서 가로로 수평선을 그려준다
B-B1	6	앞 겹품
B1-B2	4.5	
B2-C	53	소매통
D	B2-C 중간 점	소매통 중간 점
D1	D 에서 수직으로 올라간 선과 A1에서 그린 가로 수평선이 만나는 점	
D1-D2	0.75	
C-C1	6	뒤 겹품
C1-C2	3	
C2-C3	3	
B-B3	3	
B3-D2	직선 연결	소매 머리 자연스럽게 연결
C3-D2	직선 연결	소매 머리 자연스럽게 연결
D1-E	53	소매 기장
E-E1, E-E2	14.5	소매 부리 29cm

남성복 오버사이즈 코트

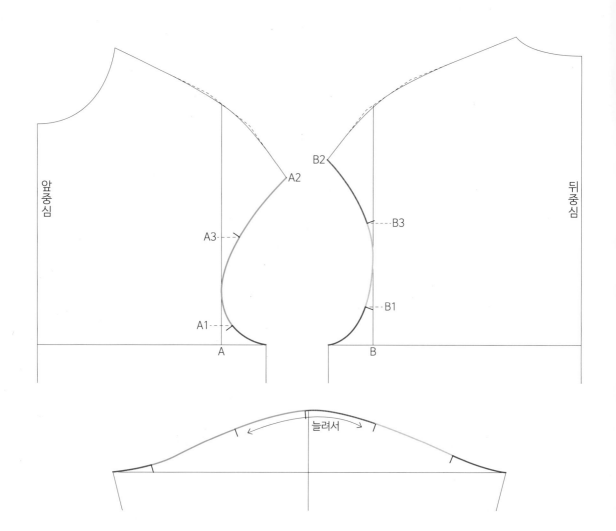

앞중심

뒤중심

A2

B2

A3

B3

A1

B1

A

B

늘려서

암홀 소매 너치

A-A1	2.5
A2-A3	10
B-B1	5
B2-B3	10

너치를 표시하고 암홀과 소매의 길이를 맞춘다.

소매 머리를 0.5cm ~ 1.5cm 늘려 박는다.

소매 머리를 늘려박는 양은 원단에 따라 달라질 수 있다.

소매 너치

남성복 오버사이즈 코트

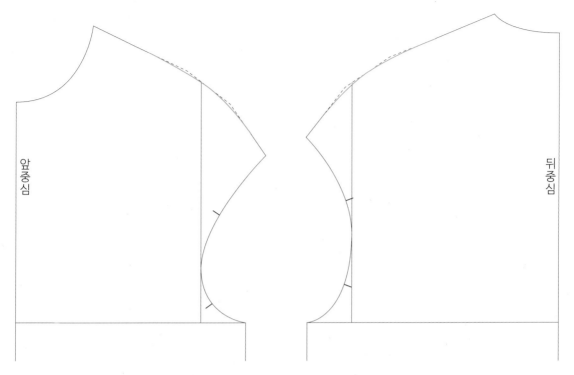

앞중심

뒤중심

몸판 어깨를 자연스럽게 곡선으로 굴려준다.

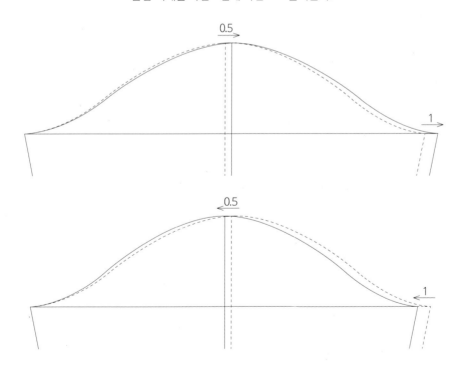

0.5

1

0.5

1

소매통을 늘리거나 줄여서 암홀과 소매 길이를 맞출 수 있다.
소매 머리 늘려박는 양을 조절할 수 있다.

어깨 라인 수정 및 소매 노바시 양 조절

E.Hoo Atelier 189

남성복 드롭 숄더 발마칸 코트

기준 사이즈	남성복 드롭 숄더 발마칸 코트						
(가슴둘레/2)	42	44	46	48	50	52	54
가슴 둘레	108	112	116	120	124	128	132
어깨 너비	53.5	55	56.5	58	59.5	61	62.5
기장	109.5	111	112.5	114	115.5	117	118.5
소매통	46	47	48	49	50	51	52
소매기장	58.5	59	59.5	60	60.5	61	61.5

※ 기장은 뒷목점을 기준으로 밑단까지 잰 길이입니다.
※ 가슴둘레 여유량에 따라 핏감이 달라질 수 있습니다.

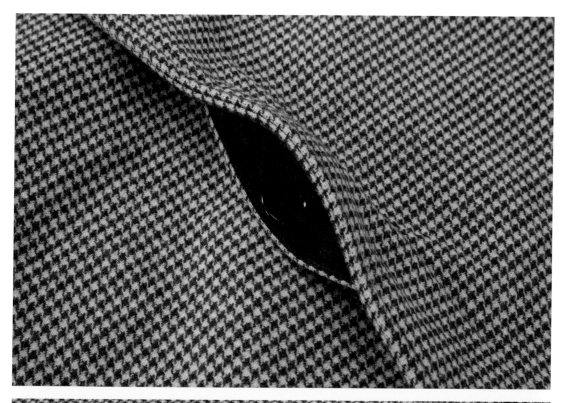

남성복 드롭 숄더 발마칸 코트

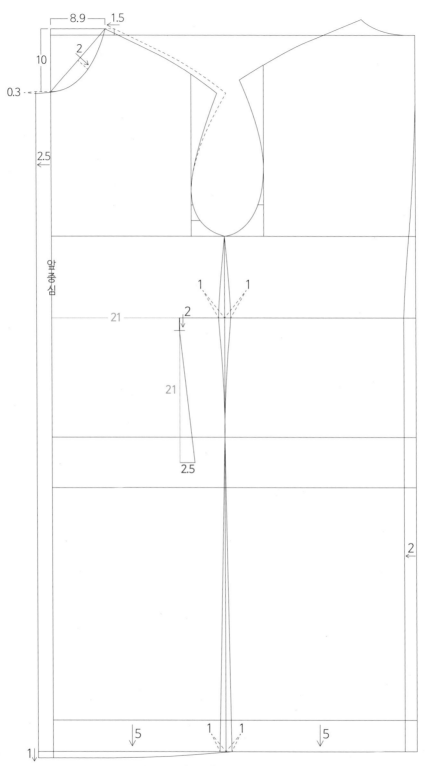

드롭 숄더 코트 원형을 활용한다. 기장을 5cm 늘린다.
앞목 입체량을 1.5cm 줄여서 앞, 뒤 목 값을 동일하게 한다. 어깨 각도는 유지한다.
허리에서 1cm 들어오고, 밑단에서 1cm 나가 와끼선을 그린다. (힙과 밑단 직선 연결)

발마칸 코트

E.Hoo Atelier 194

남성복 드롭 숄더 발마칸 코트

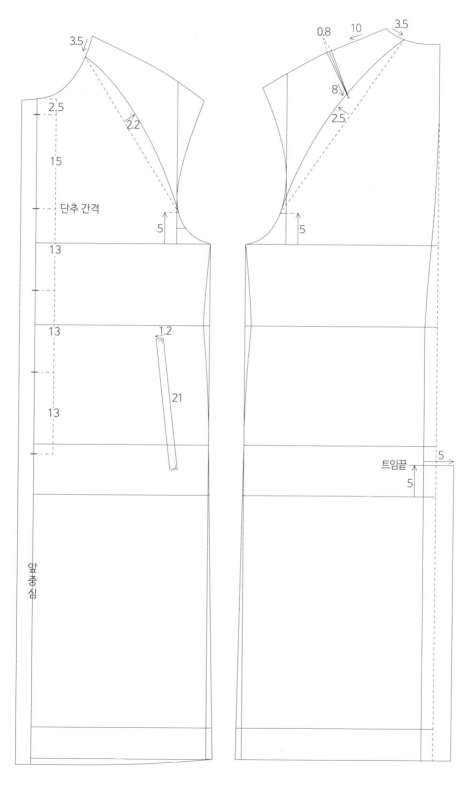

단추 위치를 잡고 외입술 주머니를 그린다.
다트를 그리고 래글런선을 그린다.

발마칸 코트

남성복 드롭 숄더 발마칸 코트

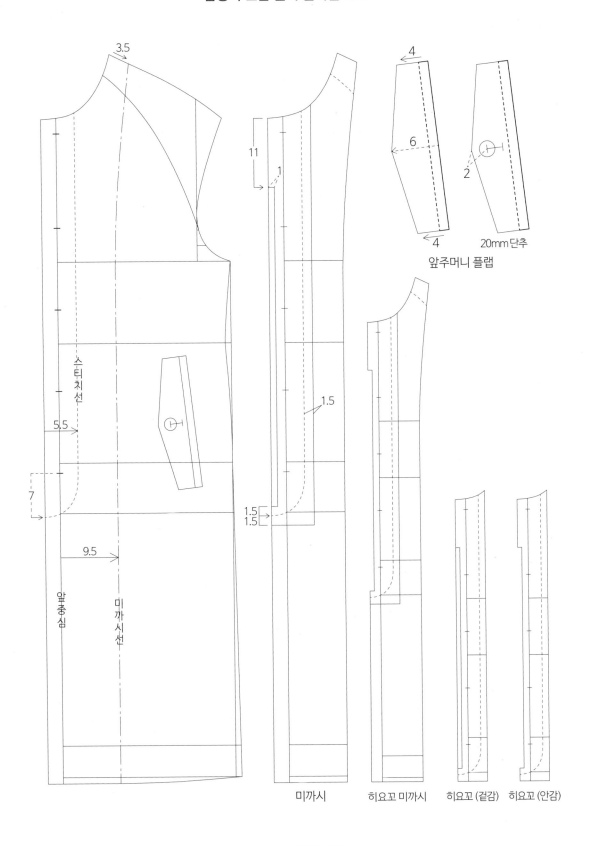

3.5

11

1

5.5

7

9.5

스티치선

앞총심

미까시선

1.5

1.5
1.5

4

6

4

2

20mm 단추

앞주머니 플랩

미까시

히요꼬 미까시

히요꼬 (겉감)

히요꼬 (안감)

미까시 & 히요꼬 단추

E.Hoo Atelier 196

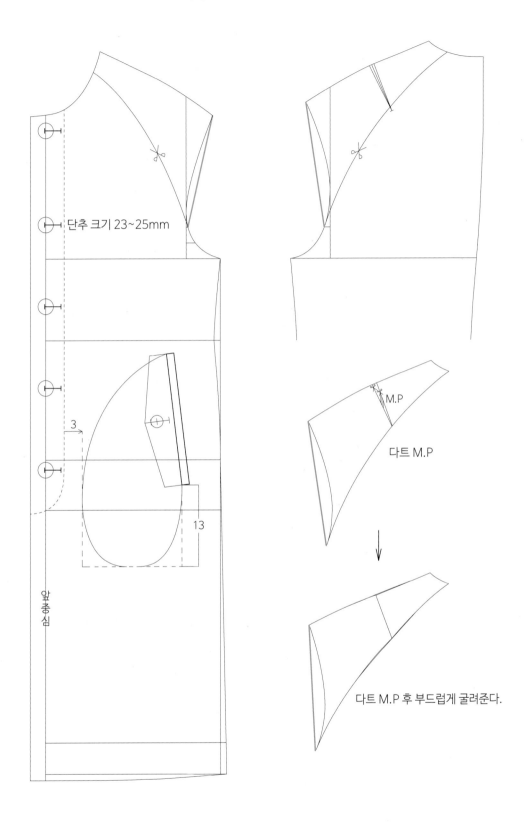

단추 크기 23~25mm

3

13

앞중심

M.P

다트 M.P

다트 M.P 후 부드럽게 굴려준다.

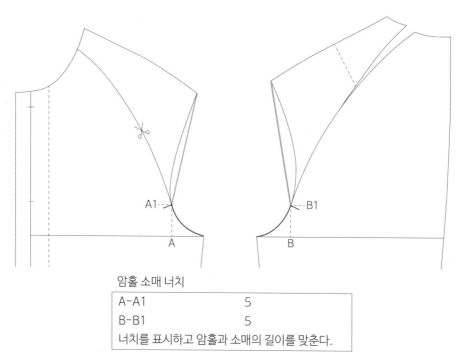

암홀 소매 너치

A-A1	5
B-B1	5

너치를 표시하고 암홀과 소매의 길이를 맞춘다.

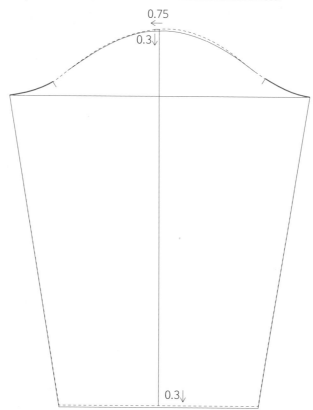

변경된 앞판 암홀을 고려하여, 소매 머리 중심을 앞쪽으로 0.75cm 이동 후 소매산 0.3cm 내린다.

소매산이 0.3cm 낮아진 것을 고려하여 소매 기장을 0.3cm 내린다

암홀 & 소매 너치

남성복 드롭 숄더 발마칸 코트

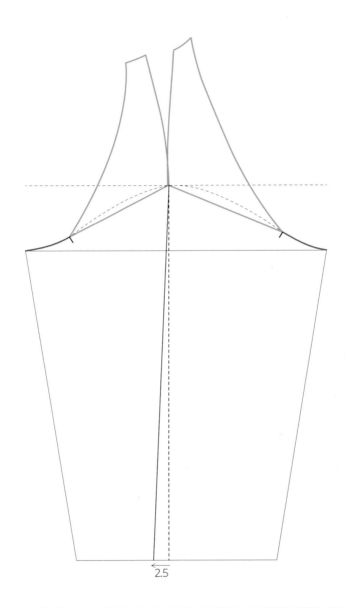

2.5

소매에 래글런 선으로 절개한 앞, 뒤 몸판을 붙여준다. (어깨점을 같은 높이로)
붙인 앞, 뒤 몸판 어깨점 중간에서 수직으로 직선을 내려그린다.
어깨점 중간에서 수직으로 내린 직선에서 2.5cm 앞으로 이동 후 어깨점 중간점으로 연결한다.

발마칸 코트 래글런 소매

E.Hoo Atelier 199

남성복 드롭 숄더 발마칸 코트

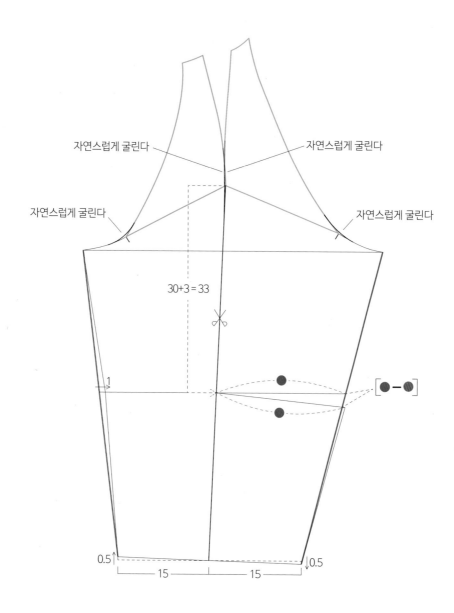

자연스럽게 굴린다   자연스럽게 굴린다

자연스럽게 굴린다   자연스럽게 굴린다

30+3 = 33

1

0.5↑   ↓0.5

15   15

15cm 씩 소매 부리 값을 부여한다. 소매부리: 30cm
소매 앞 인심과 뒤 인심을 각각 0.5cm 씩 올리고 내린다.
각각 소매 인심을 직선으로 연결하고, 소매 기장 중간에서 3cm 내려와 인심 길이 차이만큼 다트를 부여한다.

래글런 소매 암홀 라인을 곡선으로 부드럽게 굴려준다.
2.5cm 앞으로 이동된 소매 중심선과 래글런 선을 곡선으로 부드럽게 굴려준다.
래글런 소매 중심을 절개한다.

발마칸 코트 래글런 소매
E.Hoo Atelier 200

남성복 드롭 숄더 발마칸 코트

1.

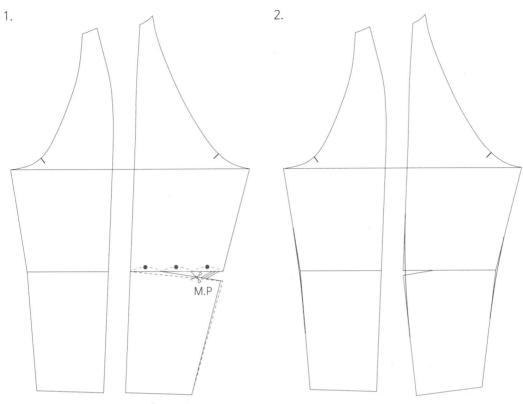

M.P

다트 길이의 3등분 지점을 찾아 다트 끝을 옮기고 M.P 시킨다.

2.

다트 M.P 후 벌어진 곳, 인심을 곡선으로 자연스럽게 굴린다.

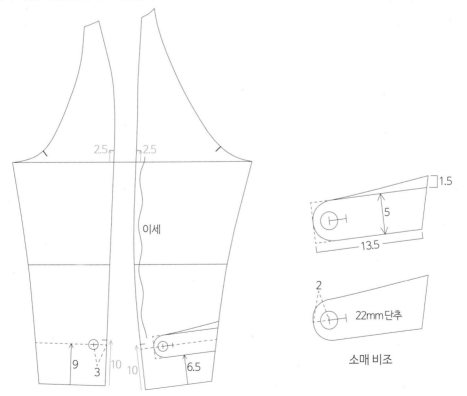

2.5   2.5

이세

9   3   10   10   6.5

1.5

5

13.5

2

22mm 단추

소매 비조

소매 정리 및 소매 비조

E.Hoo Atelier 201

남성복 드롭 숄더 발마칸 코트

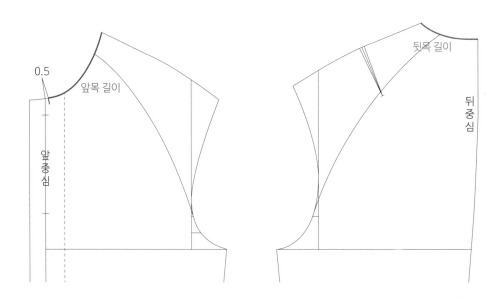

카라 제도를 위해 뒷목, 앞목(앞중심에서 0.5cm 들어온곳까지) 길이를 잰다.

카라 밑단 각도를 주고 곡선으로 자연스럽게 카라 밑선을 그린다.

발마칸 카라

남성복 드롭 숄더 발마칸 코트

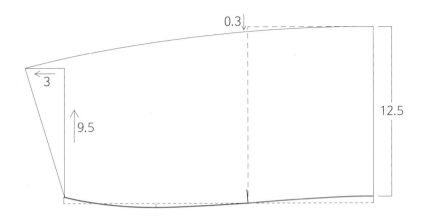

길이를 맞추어 옆목 너치를 주고 앞목 길이를 맞추어 보아 카라 밑단 길이를 정리한다.

밴드를 따낸다.

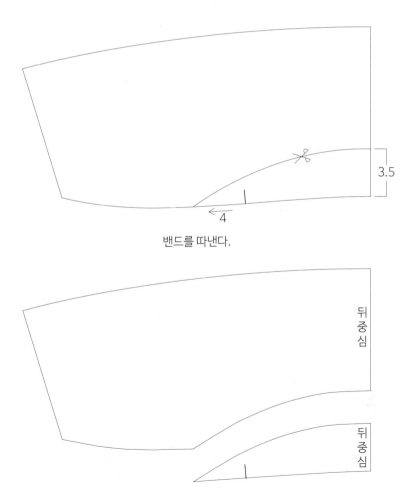

발마칸 카라

남성복 드롭 숄더 발마칸 코트

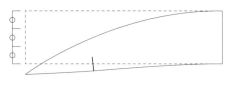

밴드 뒤중심 3등분 지점을 찾는다.

↓

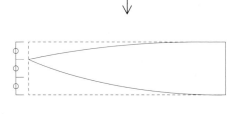

밴드를 새로 그려준다.

↓

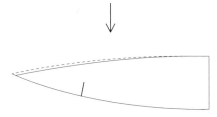

밴드 밑단 길이를 다시 맞추고 길이에 맞추어 밴드 윗선을 조정한다.
밴드는 지에리 우아에리 공용으로 사용한다.

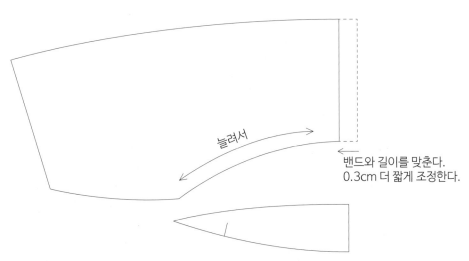

늘려서

밴드와 길이를 맞춘다.
0.3cm 더 짧게 조정한다.

카라의 밴드와 봉제되는 부분의 길이를 밴드보다 0.3cm 짧게하여 0.3cm 늘려박는다.

지에리 완성

밴드 정리 및 지에리 완성

남성복 드롭 숄더 발마칸 코트

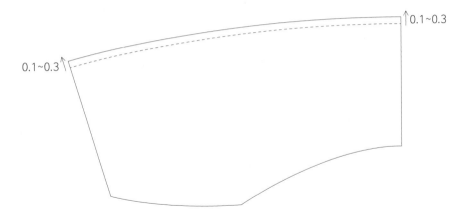

지에리를 활용하여 우아에리를 작업한다. 카라 위로 넘김분을 부여한다.

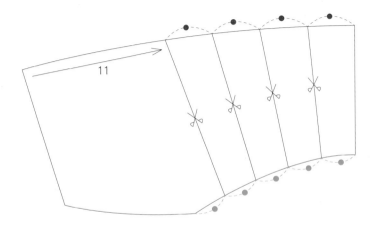

카라 외경에서 11cm 들어와 4등분하고, 밴드와 봉제되는 부분은 5등분 한다.

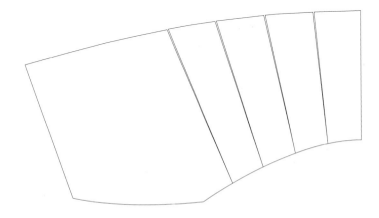

카라 외경을 0.1cm 씩 벌려주고 자연스럽게 곡선으로 연결한다.

발마칸 카라 우아에리

남성복 드롭 숄더 발마칸 코트

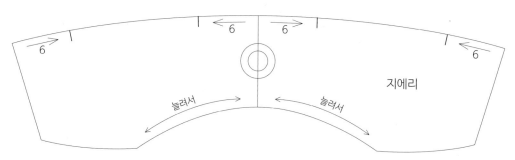

지에리

카라 끝과 중심에서 6cm 들어와 너치를 준다. 우아에리 외경에 이세를 부여한다.

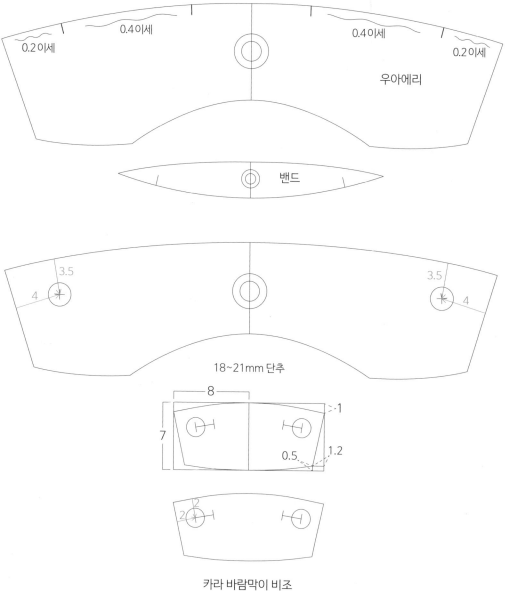

0.4이세

0.2이세

우아에리

밴드

3.5

18~21mm 단추

카라 바람막이 비조
카라 정리 및 카라 비조

E.Hoo Atelier 206

남성복 오버사이즈 피코트

기준 사이즈	남성복 오버사이즈 피코트						
(가슴둘레/2)	42	44	46	48	50	52	54
가슴 둘레	118	122	126	130	134	138	142
어깨 너비	64	65.5	67	68.5	70	71.5	73
기장	75.5	77	78.5	80	81.5	83	84.5
소매통	50	51	52	53	54	55	56
소매기장	51.5	52	52.5	53	53.5	54	54.5

※ 기장은 뒷목점을 기준으로 밑단까지 잰 길이입니다.
※ 가슴둘레 여유량에 따라 핏감이 달라질 수 있습니다.

E.Hoo Atelier 207

남성복 오버사이즈 피코트

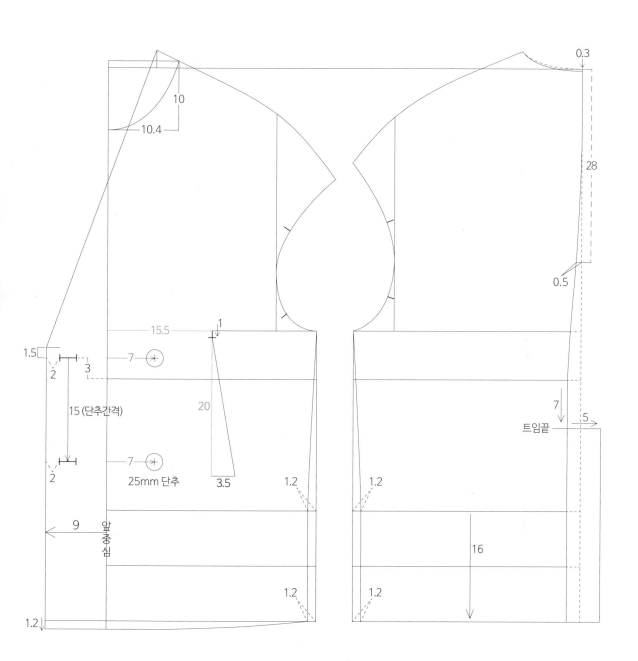

오버사이즈 코트 원형을 활용한다. 힙선에서 16cm 내려온 기장으로 기장을 줄인다.
뒷목에서 0.3cm 내린다.
힙선 와끼에서 1.2cm 들어와 핏을 잡는다.
단추 위치를 표시한다.

남성복 오버사이즈 피코트

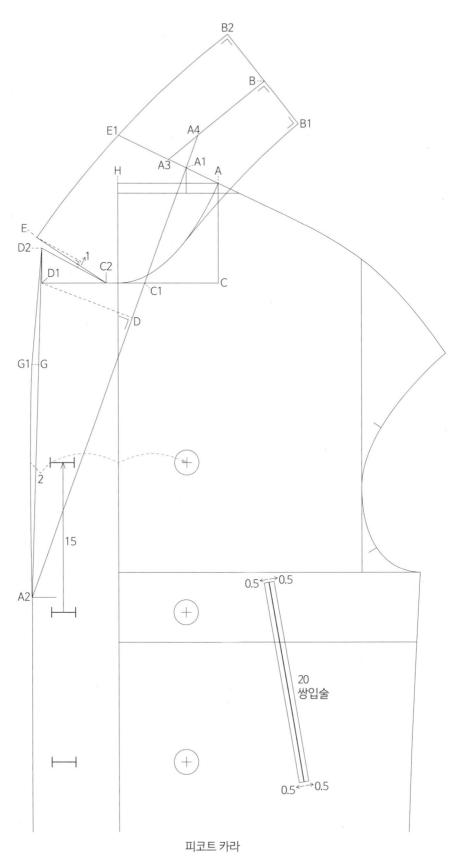

피코트 카라

E.Hoo Atelier 212

남성복 오버사이즈 피코트

H-A	10.4	8.9cm + 1.5cm = 10.4cm
A-A1	3.3	
A2-A1	직선 연결	(A2-A1) 을 A4 까지 연장한다.
A1-A3	1.8	
A1-A4	3.5	A3-A4 연결하여 B 까지 연장
A4-B	8.7	뒷목 길이 – 1cm. (A3-B) 의 직각선을 그린다.
B-B1	5.5	
B-B2	6	
A-C	10	A에서 10cm 내리고, 가로로 수평선을 그린다.
C1-C2	4	
D-D1	10	라펠 크기
D1-D2	3.5	C2-D2 연결
C2-E	(C2-D2) + 1	(C2-D2) 의 1cm 평행선을 그리고, 그 평행선에 닿게 (C2-D2) + 1cm 선을 그려준다.
A3-E1	5.8	자연스럽게 카라를 그린다.
D2-G	11.6	D2, A2를 직선으로 연결 후, 1/3 지점인 G를 표시.
G-G1	0.7	D2-G1 직선 연결 후, 라펠 아래를 자연스럽게 곡선 연결.

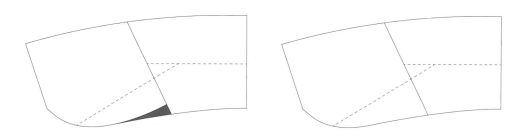

몸판과 카라 분리 시, 겹칩분을 유의하여 분리한다.

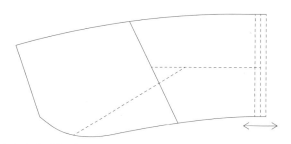

길이가 맞지 않을 경우, 몸판 목 길이에 맞게 카라 길이를 조절한다.

피코트 카라

남성복 오버사이즈 피코트

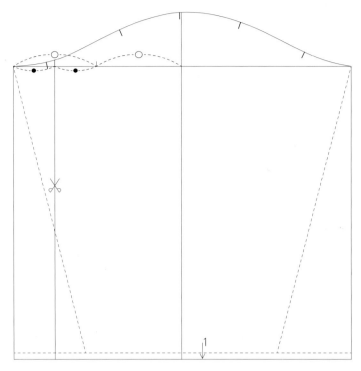

오버사이즈 코트 한장 소매 패턴을 활용하여 두장 소매로 변형한다. 소매 기장을 1cm 연장한다.

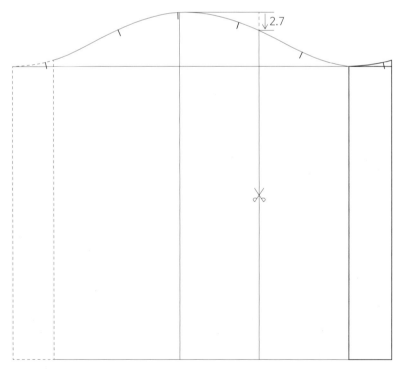

절개한 소매를 소매 뒤쪽에 붙여준다. 큰 소매와 작은 소매의 절개선 위치를 잡는다.

남성복 오버사이즈 피코트

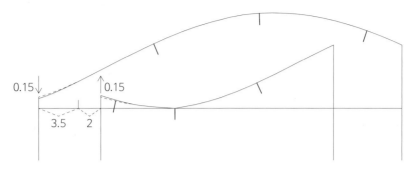

0.15   0.15
3.5   2

절개한 작은 소매를 뒤집어 큰소매 안에 위치시킨다.
큰 소매 인심의 당겨박는 양을 확보하기 위해, 소매 인심 위쪽에서 0.3cm 높이 차이를 준다.

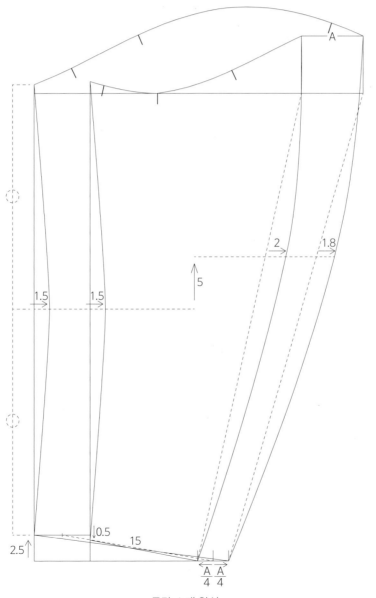

A

2   1.8

5

1.5   1.5

0.5   15

2.5

A/4 A/4

두장 소매 완성

남성복 오버사이즈 피코트

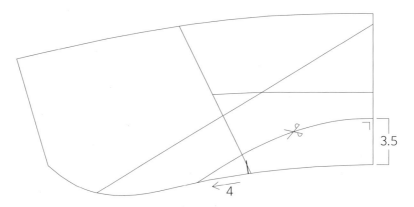

뒤중심에서 3.5cm, 옆목 너치에서 4cm 나가 밴드선을 그린다.

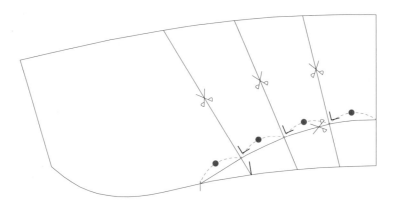

밴드선을 4등분하고 밴드선에서 수직선을 긋고 수직선과 밴드선을 절개한다.

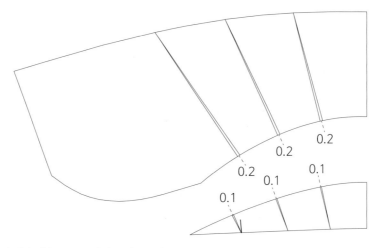

밴드의 카라와 봉제되는 부분 0.1cm, 카라의 밴드와 봉제되는 부분을 0.2cm 씩 집어주고 곡선으로 자연스럽게 연결한다.

피코트 카라 정리

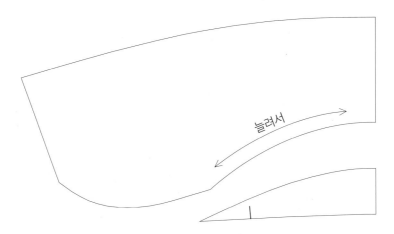

카라의 밴드와 봉제되는 부분을 0.3cm 늘려박는다. 밴드는 지에리 우아에리 공용으로 사용한다.

지에리 및 밴드 완성

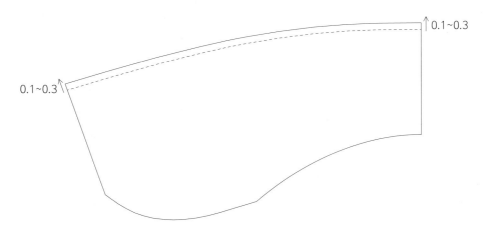

지에리를 활용하여 우아에리를 작업한다. 카라 위로 넘김분을 부여한다.

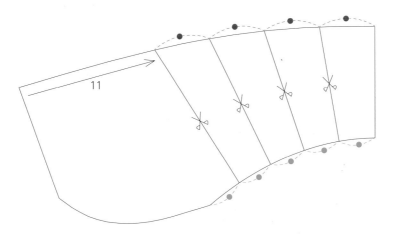

카라 외경에서 11cm 들어와 4등분하고, 밴드와 봉제되는 부분은 5등분 한다.

지에리 정리 및 우아에리

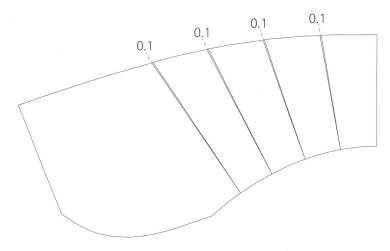

카라 외경을 0.1cm 씩 벌려주고 자연스럽게 곡선으로 연결한다.

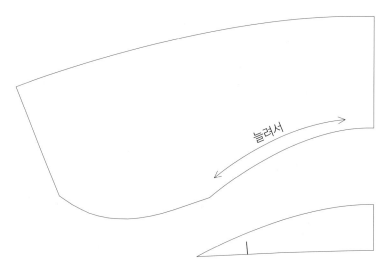

밴드는 지에리 우아에리 공용으로 사용한다.
우아에리 및 밴드 완성

우아에리

남성복 오버사이즈 피코트

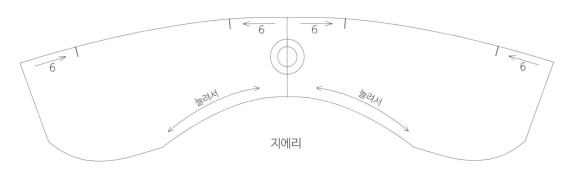

지에리

카라 끝과 중심에서 6cm 들어와 너치를 준다. 우아에리 외경에 이세를 부여한다.

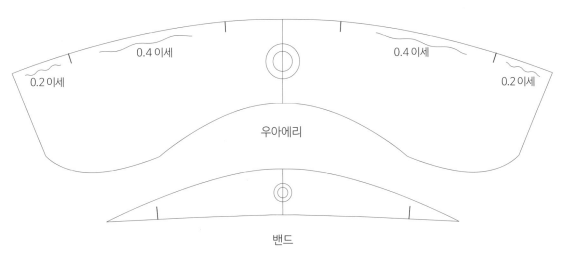

우아에리

밴드

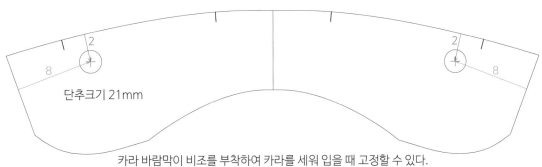

단추크기 21mm

카라 바람막이 비조를 부착하여 카라를 세워 입을 때 고정할 수 있다.

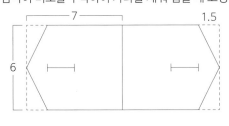

카라 정리

E.Hoo Atelier 219

남성복 오버사이즈 피코트

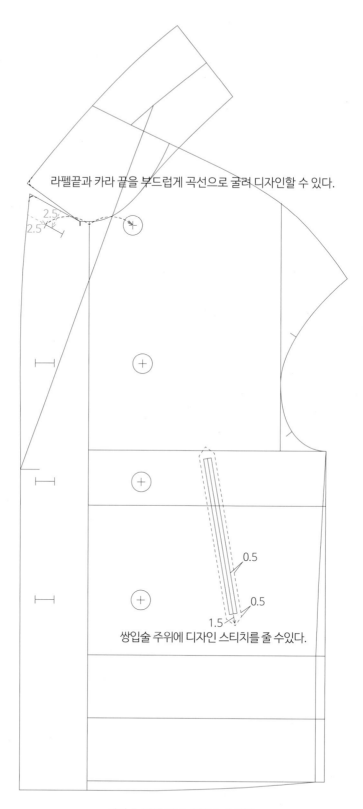

라펠끝과 카라 끝을 부드럽게 곡선으로 굴려 디자인할 수 있다.

2.5
2.5

0.5

0.5

1.5

쌍입술 주위에 디자인 스티치를 줄 수있다.

카라 & 라펠 굴림, 쌍입술 스티치

E.Hoo Atelier 220

남성복 오버사이즈 피코트

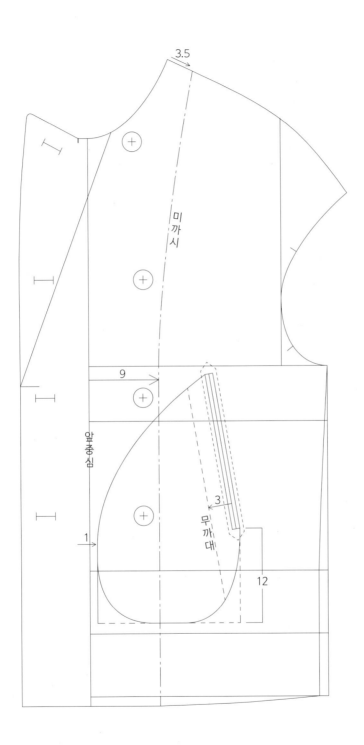

3.5

미
까
시

9

앞총심

1

3

무
까
대

12

미까시 & 주머니 TC

E.Hoo Atelier 221

남성복 실무 자켓 코트 패턴
Men's wear jacket & coat
Practical pattern

ⓒ 이후, 2023

초판 1쇄 발행 2023년 8월 21일

지은이   이후
펴낸이   이기봉
편집   좋은땅 편집팀
펴낸곳   도서출판 좋은땅
주소   서울특별시 마포구 양화로12길 26 지월드빌딩 (서교동 395-7)
전화   02)374-8616~7
팩스   02)374-8614
이메일   gworldbook@naver.com
홈페이지   www.g-world.co.kr

ISBN   979-11-388-2182-7 (03590)